8°V
23791

HORLOGERIE

OUTILLAGE ET MÉCANIQUE

DE

V.-A. PIERRET

PARIS

IMPRIMERIE NOUVELLE (ASSOCIATION OUVRIÈRE)

11, RUE CADET, 11

1891

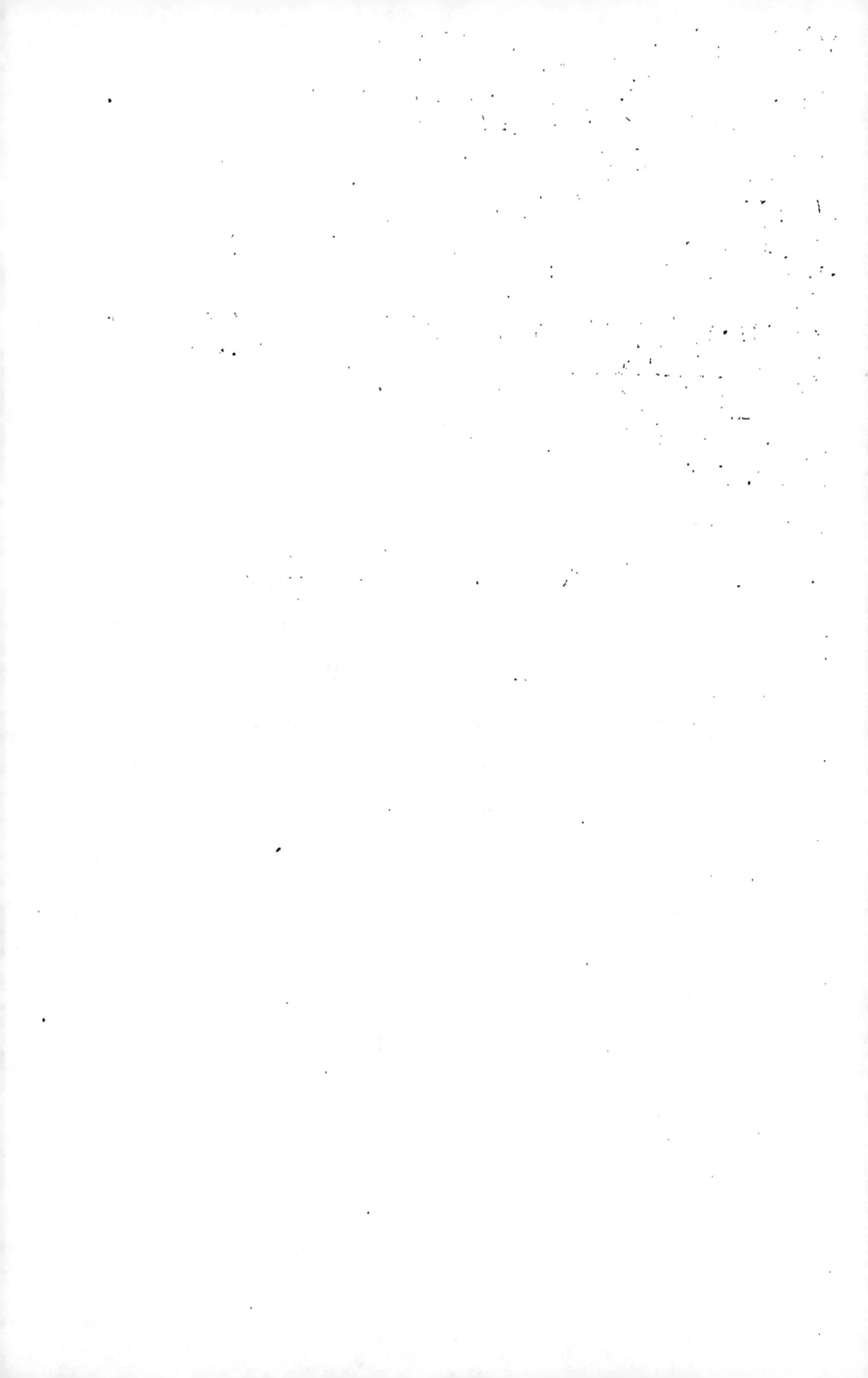

AVANT-PROPOS

Dominé par le désir de laisser un témoin utile et durable de mon existence, j'ai, à ce sujet, pris le parti de faire un mémoire de mes travaux et de mes inventions; et afin que ces inventions intéressent et qu'elles puissent profiter aux amateurs qui en prendront connaissance, chaque exposé et démonstration est accompagné d'un ou de plusieurs dessins explicatifs.

Ces travaux sont classés par rang d'ancienneté et en trois catégories :

HORLOGERIE, OUTILLAGE ET MÉCANIQUE

(2ᵉ édition.)

POUR ÊTRE HORLOGER

Après plusieurs apprentissages sous différents maîtres, j'ai, pendant quinze ans, fait des repassages et des rhabillages de montres, puis des échappements et des pièces détachées, et, tout en faisant ces repassages, je prenais note des changements ou perfectionnements qu'on avait introduits dans ces montres, ainsi que de leurs résultats.

En ce temps-là, je profitais aussi de mes relations avec M. Jurgensen, un des plus anciens, le meilleur fabricant d'horlogerie au Locle, qui ne manquait pas, lorsqu'il était à Paris, de visiter les repasseurs chargés du réglage d'une partie des montres les plus belles qu'il avait établies, et de s'entendre avec eux sur leurs observations (1).

C'est ainsi que je suis parvenu à me rendre compte des principes et des proportions que doivent avoir les organes d'une bonne montre.

Néanmoins, au moment d'en établir, je ne savais pas et je voulais savoir quel diamètre je devais donner à mes balanciers (on en faisait et on en fait encore de diverses grandeurs); comprenant avec raison que ce diamètre doit être relatif au nombre des vibrations, mais n'ayant aucun moyen pour le déterminer, je résolus, étant un soir chez M. Wagner neveu, où la Société des horlogers d'alors se trouvait réunie, Société présidée par M. Winnerls, je ré-

(1) Depuis soixante ans, les horlogers amoureux de leur état ont toujours eu quelque chose à apprendre.

solus, dis-je, de leur faire connaître mon embarras, leur disant que je serais content si quelqu'un pouvait ou voulait m'aider à résoudre ce problème. Cette proposition fut goûtée, et M. Rosé père, horloger mathématicien, prit aussitôt l'engagement de s'en occuper. Malheureusement, peu de temps après il mourut.

Me trouvant réduit à agir seul, j'ai, pour atteindre ce but, ajusté sur la tige de l'échappement d'une montre, un balancier fait comme pour une pendule ordinaire, et après avoir réglé cette montre (1), je fis de ce balancier un cercle dont le diamètre est représenté page 44, figure 1 (remarquez dans ce calibre que la roue d'échappement et le cylindre sont très petits, et je peux assurer que les montres que j'ai établies avec un échappement fait dans ces proportions, règlent bien et longtemps.)

Les horlogers à qui je les ai vendues m'en ont tous témoigné leur satisfaction.

(1) Battant 18,000 vibrations à l'heure. La longueur de ce balancier, du point de suspension au centre de gravité, est de 42 millimètres et demi.

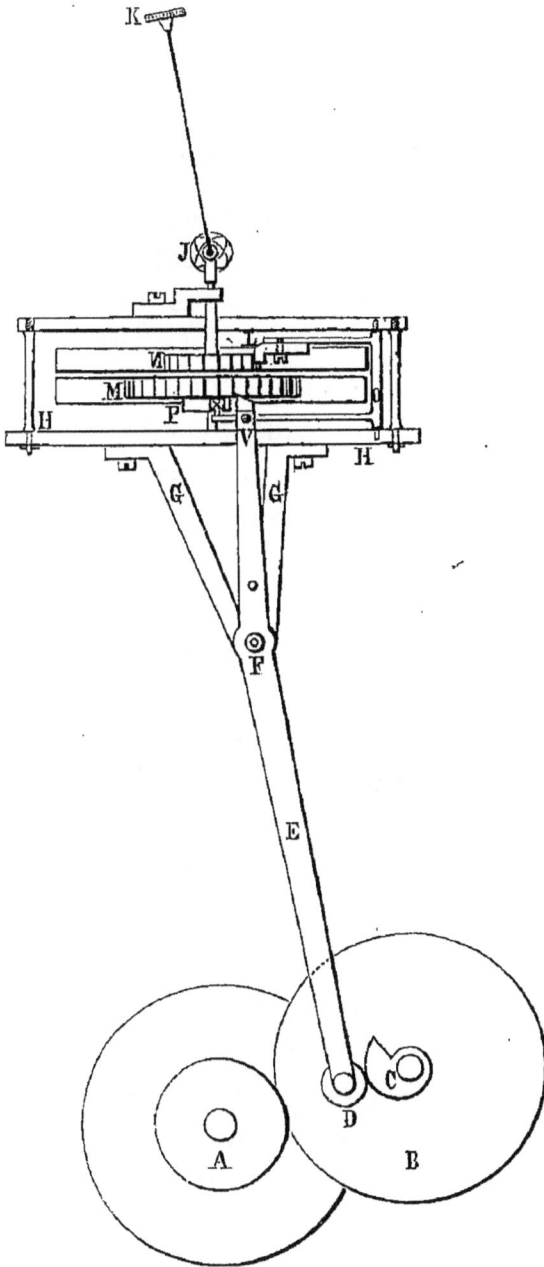

FIG. 2. — Ce dessin est à la grandeur exacte du mécanisme
des quantièmes.

Le mécanisme de cette sphère obéit au mouvement de la pendule, de façon que la terre et la lune, que cette sphère contient, représentent quotidiennement les effets et les changements de positions successives que ces planètes occupent dans l'espace ; et, en les observant, on peut se rendre compte comment se produisent les inégalités des jours, les phases de lune, les éclipses, etc., etc. ; de même aussi le mouvement de rotation du soleil, qui s'y fait sur son axe en vingt-cinq jours et demi.

Pour faire agir ce mécanisme, une roue A (voy. fig. 2) est fixée à la roue des heures ; cette roue A conduit une roue B ; l'arbre de B est ajusté entre deux ponts et porte en plus un excentrique C, sur le diamètre duquel appuie le galet D, du grand levier E, dont le centre de mouvement est à F, fixé au pont GG, en dessous de la cage HH du quantième.

A l'extrémité supérieure du levier E est un pied-de-biche V ; la pointe de ce pied-de-biche s'engage entre les dents du rocher M (1), de manière que le galet D, en suivant les courbes de l'excentrique C, fait au moyen de ce pied-de-biche, changer le quantième ; en cet instant, l'arbre des cadrans tourne et transmet son mouvement à la sphère par l'anneau brisé J, dont la tige porte la roue K (2).

Sur l'arbre du cadran des quantièmes est ajusté libre celui des mois ; ce dernier fonctionne par l'effet de l'excentrique P et de la détente O à deux bras : l'un portant le pied-de-biche L, et l'autre le petit galet X.

Ce galet suit les courbes de l'excentrique P et fait chan-

(1) Ce rocher et le rocher n sont logés dans l'épaisseur de leur cadran.
(2) Cette roue s'engrène avec la petite roue qui fait tourner le soleil (voy. fig. 1).

ger le mois par le pied-de-biche L, comme le fait le pied-de-biche V, au sujet des quantièmes.

Lorsque les mois n'ont que trente jours, on fait avancer le quantième en conduisant de droite à gauche le levier x (1).

Le mécanisme de la sphère est composé d'une roue de 21 dents, faisant tourner le soleil et commandant à la roue Q (fig. 1); sur l'axe de cette roue Q est en outre une roue de 20, conduisant la roue R montée au bas de l'arbre portant la longue platine ou traverse au bout de laquelle est le petit rouage du haut (2).

Ce rouage fonctionne autour de la grande roue immobile de 365.

A cet effet, un pignon de 10 ailes engrène dans les dents de cette roue, et il en fait le tour en un an.

Sur ce pignon est montée une roue de 70, conduisant une autre roue de même nombre; cette dernière fait tourner un pignon de 7, et à la tige, dite pivot du bas, de ce pignon, la terre est suspendue.

Pour que la lune exécute sa révolution autour de la terre, une roue de 21 dents est ajustée sur la tige, pivot du bas de la deuxième roue de 70; cette roue de 21 conduit la roue W, qui a charge de ladite lune, en la faisant tourner autour de la terre.

Cette roue W fonctionne sur un gros canon incliné de 5 degrés sur le plan de l'écliptique; et le pivot-tige portant la terre passe dans ce canon.

Pour compléter cette description, je dis :

A, roue de 36 commandant à la roue B de 72 (fig. 2) ;

F, tige portant le levier E ;

---

(1) Ce levier se trouve au pied de la sphère ; cette sphère est tenue au marbre de la pendule par quatre vis, et, pour avoir le mouvement de la pendule, il faut enlever la sphère.

(2) Vu dans une petite cage, à l'extrémité de cette traverse.

J, anneau brisé monté à six pans sur le bout de l'arbre des cadrans ;

K, roue de 25, sur la tige dudit anneau brisé ;

Q, roue de 60, ainsi que pour la grande sphère dont il sera parlé ;

R, idem de 100 ;

W, idem de 62.

Cette pendule a été terminée en 1846, et donnée en 1872 au Conservatoire national des Arts et Métiers, ainsi qu'une grande sphère propre à démontrer en peu d'instants les effets que représente dans le cours d'une année celle de la pendule.

Les dispositions principales de cette sphère sont de M. Descrivani, Italien, professeur d'astronomie ; c'est de lui qu'est venue l'idée de suspendre dans cette sphère les planètes par un fil à plomb, et d'appliquer le plan de l'écliptique parcouru par la terre, incliné de 23° 30' sur l'équateur terrestre et céleste, dont la position est horizontale ; et c'est par ces deux innovations que l'on a pu obtenir la démonstration claire et précise des divers mouvements de la terre, de la lune et du soleil dans les rapports les plus rapprochés des mouvements réels de ces astres dans l'espace (1).

Dans cette sphère, la terre exécute, par une double spirale, ses deux mouvements simultanés : le mouvement diurne et de rotation, et le mouvement annuel ou de translation, en conservant le parallélisme de son axe ; c'est en faisant ses 365 spires qu'elle descend et remonte le cercle oblique de l'écliptique, son équateur faisant angle avec lui de 23° 30', de manière qu'au bout de ces 365 spires, elle a

(1) Les élèves, en voyant fonctionner cette sphère, pourraient apprendre en six leçons ce qu'ils ont souvent peine à comprendre en six mois par la théorie.

accompli son mouvement de translation autour du soleil, en décrivant une ellipse presque circulaire, dont cet astre occupe un des foyers.

La lune, dans l'espace de vingt-neuf jours, fait sa révolution autour de la terre à distance presque toujours égale, et dans une orbite inclinée de 5 degrés et quelques minutes sur le plan de l'écliptique ; elle suit la terre dans son mouvement de translation, de sorte qu'au bout d'un an, elle a aussi accompli sa révolution autour du soleil, tout en exécutant douze révolutions et un tiers environ autour de la terre.

Cette grande sphère est mue par un ressort logé dans un petit barillet denté (1).

Pour remonter ce ressort, un bouton molté est placé sur le bout de l'arbre de ce barillet.

Afin que l'on puisse bien observer les effets qu'elle représente, j'ai dû, pour en tempérer et régler les mouvements, ajouter sur le pignon de 7 du petit rouage satellite, une roue de 60, et faire commander à cette roue un pignon de 7, puis sur ce pignon monter de même une roue de 60 conduisant un pignon de 6, porteur d'un volant.

J'avais fait des préparatifs, et je m'étais proposé d'en établir une centaine ; mais diverses circonstances et le temps, notre véritable maître à tous, en ont disposé différemment.

(1) Ce barillet engrène avec la roue R.

En 1888 et 1889, ayant des loisirs, j'en ai fait une deuxième à laquelle j'ai donné tous mes soins ; puis j'y ai ajouté un mécanisme offrant le moyen de la faire agir vite ou lentement, et un autre pour l'arrêter instantanément et la faire repartir à volonté : dans cette dernière machine, la boule représentant le soleil est en verre, et dans cette boule j'introduis une lumière électrique, de façon qu'en faisant fonctionner ladite machine dans une chambre noire, l'action de cette lumière nous fait voir plus sensiblement les effets qu'elle représente, et reconnaître qu'ils sont bien conformes à ceux que nous apercevons quelquefois dans l'espace.

Dédiée à la ville de Vailly (Aisne) où je dois reposer.

FIG. 1. — Pendule squelette à échappement, à repos et à réveil.

FIG. 3. FIG. 2.

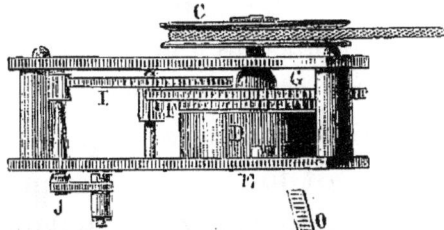

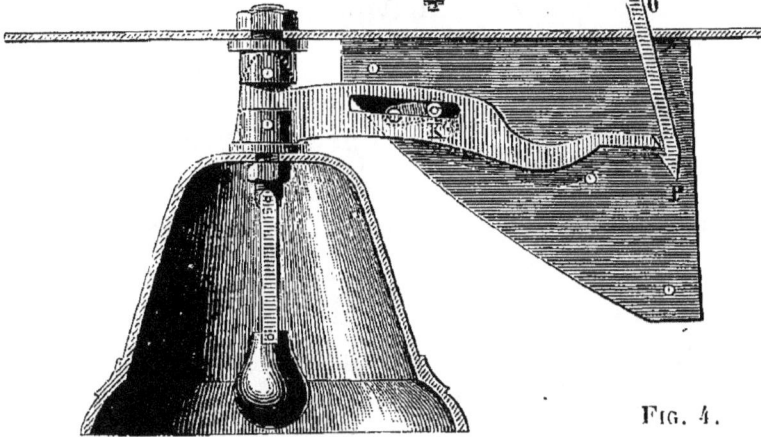

FIG. 4.

Cette pendule, dont toutes les pièces sont visibles, se met d'échappement au moyen d'une forte impulsion donnée au balancier; ce balancier, quoique lourd, est suspendu par une soie très fine. L'excédent de cette soie s'enroule sur une tige mince, portant sur le devant de la pendule une roue A très nombrée; puis, entre les dents de cette roue, repose la tête F d'un ressort sautoir; et lorsque, pour régler la pendule, on fait tourner cette roue A, soit de droite à gauche ou de gauche à droite, la tête F de ce ressort passe en se soulevant d'une dent à l'autre, et sert de compteur, offrant ainsi la facilité d'arriver sûrement au but cherché.

Le rouage du réveil est logé dans le socle de la pendule, et, pour en remonter le ressort, il suffit de tirer le cordon auquel est suspendue la boule B.

Ce cordon est enroulé entre les joues de la poulie C (fig. 2), montée à carré sur l'un des bouts de l'arbre portant la roue G et le rocher F avec son encliquetage (1).

A cet arbre est une bonde dont le crochet sert à tendre le ressort moteur que contient la virole D, dit barillet, fixé par deux vis à la platine E.

La roue G commande le pignon porteur de la roue *i*, cette roue *i* fait tourner le pignon de la bielle *j*, qui met en branle la sonnette par son mouvement dans l'ouverture K, pratiquée au manche de la sonnette.

Lorsque l'on veut faire usage de ce réveil, il faut, en faisant tourner son cadran, placer l'heure à laquelle on désire être éveillé sous la queue de l'aiguille des heures.

A ce sujet, pour éviter d'enlever le cylindre qui couvre cette pendule, j'ai ajusté sous la fausse plaque de son cadran une petite bascule M, ayant un pied-de-biche dont la pointe s'engage entre les dents du cadran du réveil, que l'on peut ainsi faire tourner en tirant, puis en lâchant alternativement la petite boule *n*.

Le canon de ce cadran est à frottement sur celui de la roue des heures, et se termine par la levée *x* (voy. fig. 3).

Cette levée, conduite par la roue des heures, vient, au moment voulu, appuyer contre le bout du haut de la détente O, et lui faire soulever son autre bout P (fig. 4), de façon à décrocher le manche de la sonnette et rendre la liberté au mécanisme du réveil, qui aussitôt fait entendre son carillon.

Cette pendule conserve l'heure très bien ; les premières ont figuré à l'Exposition universelle de Londres en 1851. A partir de cette époque, j'en ai livré au commerce plus de douze mille, dont dix mille au moins à MM. les horlogers anglais.

Elles seront, je l'espère, longtemps encore, un témoin sérieux des soins que j'apportais à la fabrication de mes produits.

(1) Visible de face au réveil de la pendule huitaine, p. 16, fig. 5

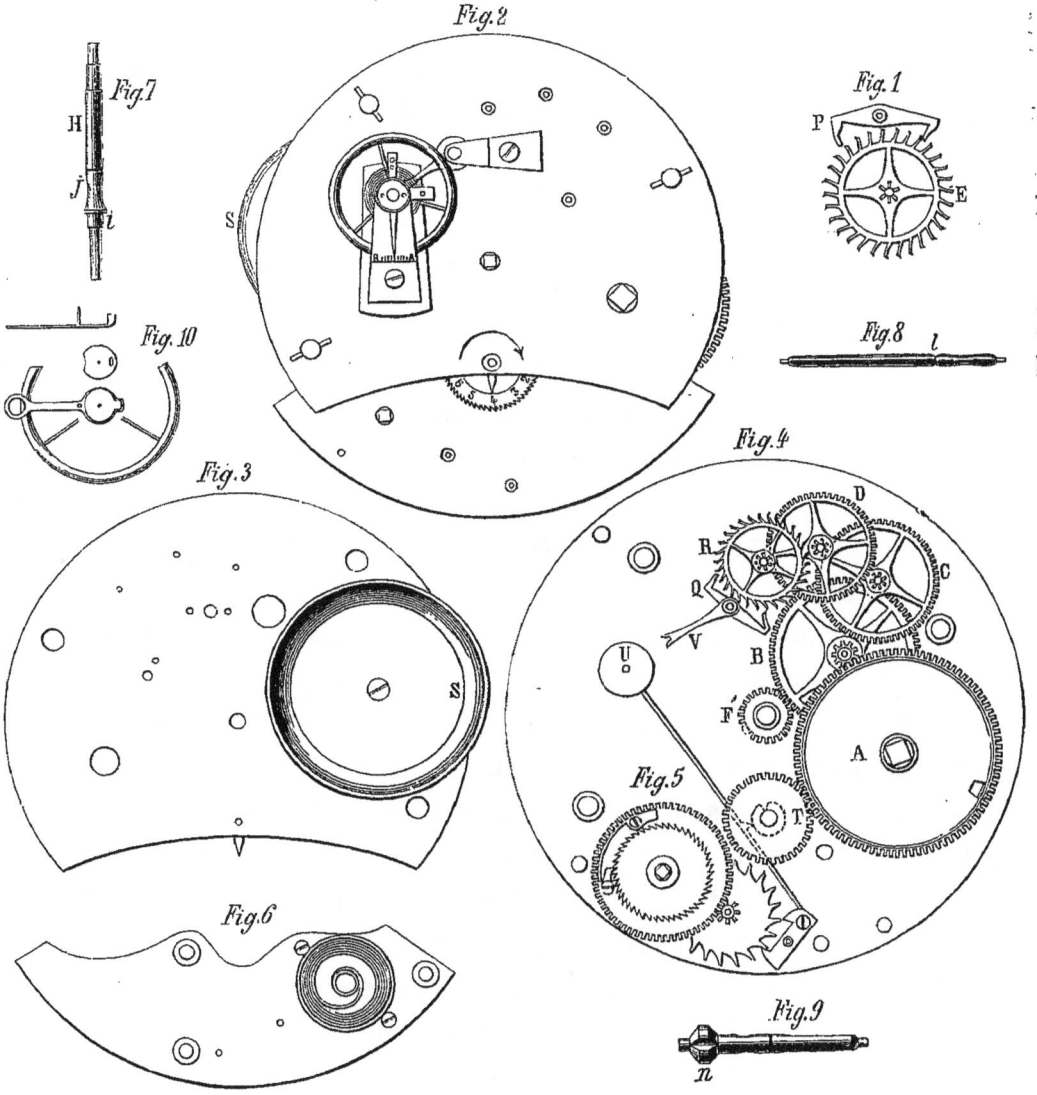

Mouvements divers de pendules.

La figure 1 fait voir l'échappement à repos de la pendule squelette et de mes pendules huitaines. Les plans inclinés sur le haut des dents de la roue E correspondent aux plans inclinés des levées de l'ancre P; de cette condition, il résulte, pour cet échappement, qu'après avoir fonctionné pendant quinze et même vingt ans, l'action des dents de cette roue E sur les levées de l'ancre P est à peine visible.

La figure 4 représente le rouage de mes pendules portatives et de mes pendules huitaines, ainsi que le calibre de la huitaine, et, par ses dispositions, ce calibre offre le moyen de faire marcher ladite huitaine dix, douze et même quinze jours sans avoir besoin d'être remontée; j'en profitais chaque fois que le modèle de la pendule me permettait d'y loger un balancier plus long que dans sa boîte ordinaire. Pour cela, j'avais à diminuer le nombre des dents de la roue F, proportionnellement à la longueur de ce balancier.

Cette roue F ne fait point partie du rouage qui transmet la force motrice à l'échappement; elle est commandée par la roue B, et son canon, avec lequel elle ne fait qu'un, est ajusté sur un arbre visible (fig. 7) et s'y trouve maintenu entre la portée conique i et la petite gorge j. Ce canon est fendu au milieu de sa grosseur et plus de la moitié dans sa longueur, puis il fait ressort sur cet arbre 7 en le pressant de manière que cette roue F le conduit, et en même temps la minuterie dont il a charge, tout en conservant la facilité de pouvoir tourner dans le canon F quand, au besoin, on remet la pendule à l'heure.

J'ai constamment employé ce système pour les canons des fourchettes des pendules se mettant d'échappement au moyen d'une forte impulsion imprimée au balancier.

Afin que ce frottement soit dans de bonnes conditions,

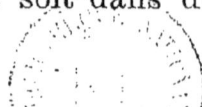

je commençais, en l'établissant, par ajuster le canon libre sur la tige de l'ancre (1), puis je le fendais comme il est dit pour celui de la roue F, ensuite j'élargissais cette fente vers le bout, de manière à pouvoir le rétrécir en le faisant entrer à force dans un trou très conique et que, replacé sur sa tige, le bout de ce canon s'engageait dans la petite gorge *i* en la pressant juste assez pour s'y maintenir.

Revenons à la figure 4 pour parler de son échappement à ancre et à balancier circulaire.

L'ancre *q* de cet échappement est légère, et ses bras, sur lesquels reposent les dents de la roue R, ont une direction telle, que cette roue, se remettant en marche, éprouve un léger mouvement de recul, condition indispensable pour assurer l'immobilité de ladite ancre, tout le temps que met le balancier à faire son mouvement supplémentaire.

L'inertie de cette ancre est obtenue par la fourchette *v*, que l'on voit placée sur son axe, à un point choisi propre à l'équilibrer.

Cet échappement donne des résultats satisfaisants sans doute, il est même aujourd'hui très employé ; cependant il a dans ses fonctions plusieurs frottements rentrants, reconnus mauvais, particulièrement celui de la cheville du plateau qui a lieu dans la fourchette à chaque vibration.

En 1853, ne me trouvant pas satisfait de ses conditions, l'idée me vint d'y placer une fourchette ayant un ovale au bout du manche (voy. fig. 10), puis de faire passer l'axe du balancier dans cet ovale.

Par cette disposition, la cheville du plateau, en faisant son effet, pénètre moins dans la fourchette, et, en conséquence, elle diminue son frottement (2).

---

(1) Une est représentée figure 8.
(2) J'ai observé avec soin les pièces que j'ai établies ainsi et constaté qu'elles règlent mieux et plus longtemps. On peut en voir une au Conservatoire national des Arts et Métiers.

Désirant mieux et pensant la chose possible, j'ai, à titre d'essai, remplacé cette cheville par deux petits rouleaux dont les pivots tournent dans des trous en or, ces trous sont à la place de ladite cheville et dans un pont monté au-dessous du plateau : le résultat en est beau ; mais les difficultés sont telles que cela est peu praticable.

Au résumé, pour cet échappement, je dois reconnaître et dire qu'en établissant mes montres, quand je parvenais à ne lui faire lever que de 28 à 30 degrés, ses défauts se faisant alors moins sentir, j'en obtenais de très bons réglages, et j'ai à mon actif d'avoir un des premiers, et je crois même être le premier, qui l'ai établi en cet état.

La figure 5 est le dessin du réveil de la pendule huitaine ; ce réveil est composé comme il suit : une roue T, commandée par le barillet A, fait un tour en douze heures ; de même que la roue F du mouvement de la pendule, cette roue T fait corps avec son canon, fendu et ajusté sur un arbre vu à part (fig. 9).

Sur le haut de cet arbre, se place le cadran de réveil et, à son autre extrémité, il forme une grosse portée ayant une entaille *n*, représentée au pointillé à la place qu'elle occupe sous la roue T.

Cette portée reçoit la dent du manche du marteau *u*, puis cet arbre 9, conduit par la roue T, présente, au moment choisi pour être éveillé, l'entaille *n* de sa portée sous la dent du manche de ce marteau, rendant de cette manière la liberté audit réveil qui, de suite, se met à faire frapper le marteau *u* sur le timbre *s* (1).

Quand on veut se servir de ce réveil, il faut, en le préparant, faire tourner son cadran dans le sens de la flèche

(1) Ce rouage est identique à celui du réveil de la pendule squelette ; la bielle seulement est remplacée par une ancre, et à cette ancre est fixée le manche du marteau *u*.

(voy. fig. 2) et placer le chiffre qui indique la quantité de temps que l'on désire reposer, sous la pointe aiguille de ce cadran, ensuite remonter le ressort de ce réveil avec une clef.

La figure 6 fait voir le dessous de la platine de ce réveil et la figure 3 celui de la petite platine du mouvement de la pendule.

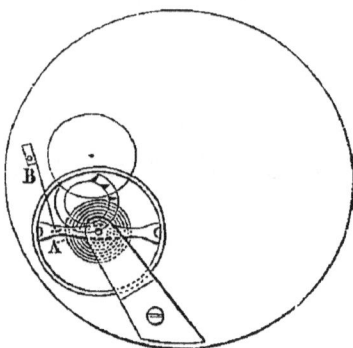

Afin d'éviter les désordres que peuvent occasionner les
secousses aux montres à échappement à ressort ou Dupleix,
on y ajoute ce que nous appelons un renversement. Divers
systèmes ont été essayés, puis peu à peu tous abandonnés,
soit pour la difficulté de l'exécution ou leur inefficacité.

Les conditions exigées pour ce renversement sont qu'il
doit laisser au balancier la liberté de décrire de très grands
arcs, tout en les limitant de manière que la roue d'échappement ne puisse pas passer deux dents, et la montre, par
suite, prendre le galop.

Sur la platine de la montre, se trouve un ressort B : ce
ressort est légèrement plus faible que le spiral ; puis il se
termine par un crochet se prolongeant dessous en équerre.

Une des barrettes du balancier porte une goupille A :
cette goupille, en temps ordinaire, passe sur le côté dudit
crochet ; mais, quand, pour la montre, il survient une forte
impulsion, le spiral, prenant alors plus d'extension, vient
en s'ouvrant agir contre le bout de ce ressort, et lui faire
présenter son crochet devant cette goupille A, limitant
ainsi le mouvement du balancier.

J'ai porté pendant vingt ans une montre à échappement
Dupleix, munie de ce renversement ; il a toujours bien
fonctionné.

FIG. 1 et 2. — Montre à calendrier.

(Une d'elles est au Conservatoire national des Arts et Métiers. — Voir le diamètre
et la légèreté de la roue d'échappement.)

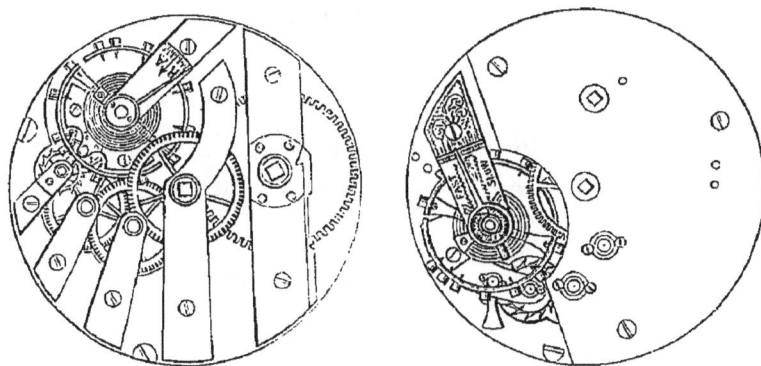

FIG. 3 et 4. — Montres simples à échappement à ancre.

Pour obtenir les changements de jours et de dates, une grande roue A, conduite par le pignon de renvoi, fait un tour en vingt-quatre heures.

Sur le canon de A est ajusté libre un excentrique O : cet excentrique reçoit le galet d'une détente B ; cette détente porte en plus deux petits ressorts ; les bouts de ces ressorts se terminent en retour d'angle, de façon à remplir les fonctions de pieds-de-biche. Le plus long, placé au milieu de cette détente, a charge de faire tourner la roue E de 31 dents (1), et l'autre le rocher de 7.

L'excentrique O, que j'ai dit être libre, a cependant ses mouvements limités par la tige d'une vis traversant l'épaisseur de la roue A, dans une ouverture assez large ; et à minuit, l'heure à laquelle change le quantième, cet excentrique O recule et fait surprise, pour présenter sa partie la plus basse au galet de la détente B, qui aussitôt s'y précipite avec cette détente, et dans ce mouvement ladite détente, au moyen de ses ressorts, fait avancer la date et le jour.

Le changement des mois est produit par la goupille 3, fixée à l'extrémité et en dessous de l'une des dents de E, de telle sorte que cette goupille se trouve à chaque fin de mois devant une dent du rocher C, et que, quand le quantième saute du 31 au 1er, cette goupille en passant fait tourner d'un douzième ledit rocher.

Les deux petits ressorts de la détente B sont très flexibles, et, lorsque, par l'effet de l'excentrique O, cette détente

_____

(1) C'est sur cette roue que se place le cadran des quantièmes, et sur le rocher de 7 celui des jours

remonte et qu'elle les fait passer devant les dents de E et du rocher de 7, les bouts de ces ressorts glissent en se soulevant contre les pointes de ces dents, et ensuite ils reprennent leur position.

Par économie, j'ai quelquefois remplacé l'excentrique O et la détente B avec ses ressorts, par les goupilles 1 et 2 : ces goupilles portées par A font l'office des ressorts de B ; la première en passant fait changer le quantième, et l'autre le jour. Mais, pour produire ce résultat, ces goupilles mettent le moins une heure.

Lorsque les mois n'ont que trente jours, on fait avancer le quantième, en dirigeant de droite à gauche le manche du levier U.

Pour le cas où l'on aurait besoin de changer le mois, il y a un levier V, que l'on fait agir en le conduisant de gauche à droite.

De même, si l'on avait oublié de remonter sa montre, un troisième levier, placé à gauche, sert à faire avancer le jour.

La roue E dite des quantièmes fonctionne sur un pont à deux pattes et ne cause aucune charge à la minuterie.

Les cadrans des quantièmes sont représentés page 27 par quelques indications : les dimensions n'en sont pas déterminées. On doit, bien entendu, les faire en rapport avec les pièces auxquelles on veut les appliquer.

En même temps que j'établissais mes montres à calendrier, j'en faisais en plus grand nombre des simples, genre français et genre anglais, représentées figures 3 et 4 ; et, pour les établir, j'employais les procédés expliqués pages 44 et 45, et aussi ceux dont je me servais pour faire les mouvements de mes pendules.

Afin que les balanciers compensateurs de ces montres parviennent à neutraliser les effets de la dilatation du spiral sous une température de 5 à 30 degrés au-dessus de zéro, mes spiraux comme longueur ne formaient que 8 tours et demi environ.

Les trois quarts de ces montres ont été vendus aux horlogers anglais.

En 1864, me sentant très fatigué, et absorbé par les soins que réclamait l'établissement de mes pendules, puis séduit par les bénéfices que j'en obtenais, je me suis laissé aller (non sans résistance) à suspendre pour un temps la fabrication de ces montres, me promettant bien de la reprendre aussitôt que je le pourrais, et à lui donner plus d'extension; mais, au moment où je m'y disposais, je fus atteint par des congestions violentes qui, pendant plusieurs années, m'obligèrent à rester complètement au repos.

Depuis, j'ai souvent regretté de ne pas avoir continué de préférence cette fabrication, et c'est maintenant encore mon plus vif regret, quand je pense qu'à Paris, autrefois, on y faisait les montres les plus estimées et aujourd'hui *rien*, tandis que MM. les Anglais et les Américains en produisent des quantités dans leurs capitales. Il y avait cependant alors un homme qui aurait pu sans peine, avec son *nom*, nous conserver ou nous faire reconquérir cet honneur : j'ai souffert de son indifférence à ce sujet.

Malgré le nombre d'années écoulées et les changements survenus, je suis resté convaincu qu'il est possible d'établir avantageusement à Paris des montres, en ayant une bonne organisation et un outillage ébauchant et façonnant mécaniquement plus de la moitié des pièces, que l'on peut ensuite faire finir (certaines parties et les détails) par des hommes d'un talent secondaire, et même par des femmes; car il suffit à quelques-unes de trois ou quatre semaines d'apprentissage (ne leur faisant faire qu'une partie, pour qu'elles parviennent à la terminer convenablement). En outre, Paris contient des ouvriers horlogers qui ont du savoir et de la main; ils préféreraient, je le crois, un travail régulier et assuré, plutôt que de faire une chose un jour et demain une autre (1).

Les bénéfices que cette fabrication me donnait me permettaient et m'auraient permis de bien les rétribuer ; j'aurais donc pu compter sur eux.

Certes, pas plus que les autres fabricants je ne faisais et je n'aurais pas fait de longtemps les pignons de mes montres ; il y a pour cela des hommes spéciaux très capables.

Je le répète, ma conviction était qu'en s'y prenant comme je viens de le dire, on aurait pu, à Paris, faire des montres de qualité supérieure, à des prix très accessibles.

Mon intention était et j'aurais voulu faire participer aux bénéfices de cette fabrication les ouvriers les plus méritants : nul doute pour moi, je serais parvenu à de très bons et beaux résultats.

Les prix annuels de 500, de 300 francs, que j'offrais depuis 1875 aux horlogers français, étaient pour encourager ceux qui ont du talent et leur procurer le moyen de se faire connaître.

J'ai longtemps espéré qu'il s'en présenterait un comprenant et pouvant continuer cette œuvre, et très certainement il aurait eu pour lui honneur et profit.

---

(1) L'état de rhabilleur de montre fait à peine vivre l'horloger, puis il est fort ennuyeux par sa responsabilité.

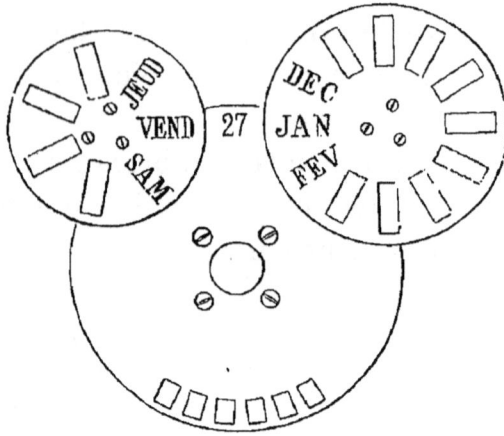

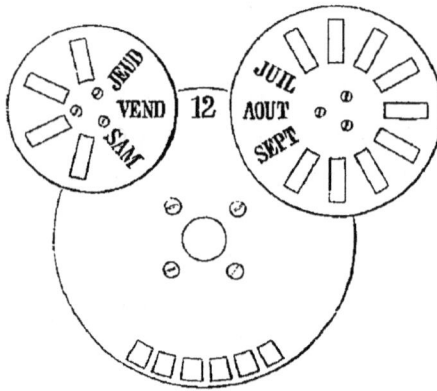

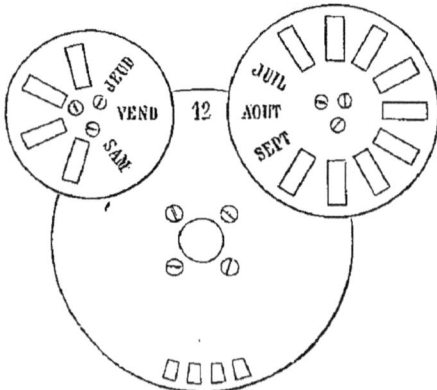

Fig. 1

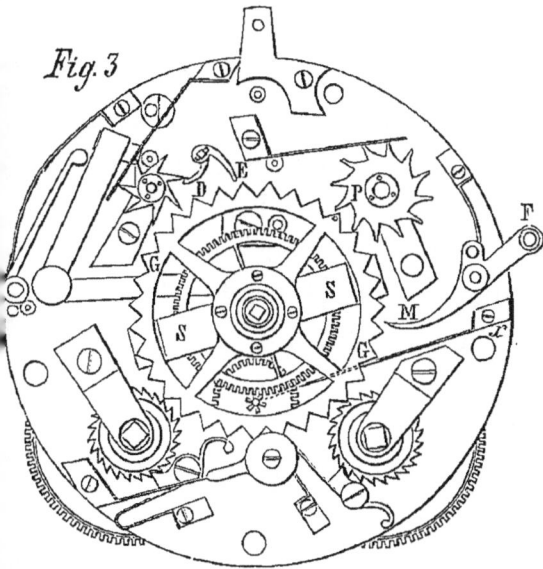

Fig. 3

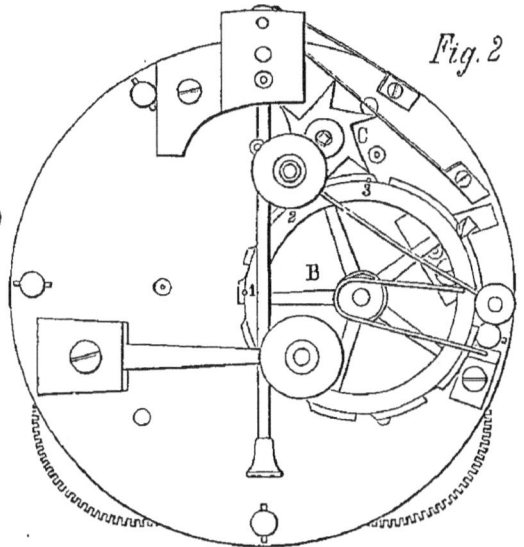

Fig. 2

Pendule à calendrier dont les changements d'indications sont à la charge de la sonnerie.

EXPLICATION

Le chaperon B (fig. 2) porte en dessous trois goupilles notées 1, 2 et 3 ; ces goupilles, conduites par ce chaperon, engrènent en passant avec le rocher C, qui a six dents ; de sorte que deux tours de B en font faire un à C.

L'axe de C traverse le mouvement de la pendule, et sur son autre bout (fig. 3) sont montées à carré les levées E et D ; ces levées, obéissant à C, font, pendant que minuit sonne, avancer la date et le jour.

Le changement des mois est obtenu par une goupille placée très près de la pointe en dessous de l'une des dents de la roue GG, dite des quantièmes.

Cette goupille, portée par GG, se présente à chaque fin de mois devant une dent du rocher P, et, quand le quantième passe du 31 au 1er, cette goupille, au même instant, fait changer le mois.

Lorsque les mois n'ont que trente jours, il faut, pour remettre la date d'accord : appuyer sur la tige F (fig. 1) et la faire descendre en bas de l'ouverture H ; ensuite, la laisser libre de remonter, et recommencer s'il est besoin.

Afin d'avoir, pour ce calendrier la place nécessaire à de belles indications, j'ai, autant que possible éloigné les barillets du centre du mouvement de la pendule (voir fig. 2 et 3), et pour que les trous des remontoirs n'atteignent pas les heures du cadran, j'ai divisé la platine en douze et placé les barillets entre ces divisions (1). Les dessins de la page 27

(1) Deux de ces mouvements de pendule sont au Conservatoire national des Arts et Métiers.

font voir les dispositions des cadrans de ce calendrier, en même temps que ceux de la montre.

Il est souvent regrettable de voir que nous n'ayons à placer dans de beaux modèles de pendules que des mouvements ordinaires.

Plusieurs horlogers m'ont dit être à la recherche d'une idée pouvant leur offrir le moyen de se créer une spécialité : voilà, il me semble, une occasion.

Ce calendrier rend des services et il orne la pendule.

Les personnes à qui j'en ai livré ne s'en déferaient pas pour le double du prix qu'elles les ont payées.

J'engage l'horloger qui voudra entreprendre de faire ce genre de pendules à venir me voir; je lui ferai connaître les moyens que j'employais et qui en rendent l'exécution facile.

Avertisseur.

Il arrive pendant la nuit de n'entendre la sonnerie d'une pendule que quand déjà elle a sonné un ou plusieurs coups de l'heure présente. Afin d'éviter cet ennui, j'ai fixé sur la platine (fig. 3) un ressort x, semblable à ceux que l'on fait pour les boîtes à musique : le bout de ce ressort se prolonge sous la roue dite de renvoi, qui fait un tour par heure; et, à cette roue, très près de son centre, est une goupille qui, en passant, lève la pointe de ce ressort et ne l'abandonne que quelques secondes avant l'heure; alors ce ressort produit une note aiguë et assez puissante pour prévenir que l'heure va sonner; aussi bien cet avertisseur me fait distinguer l'heure de une heure, qui autrement se confond avec les demies.

Ce résultat sans doute est minime, mais aussi il ne m'a pas coûté beaucoup.

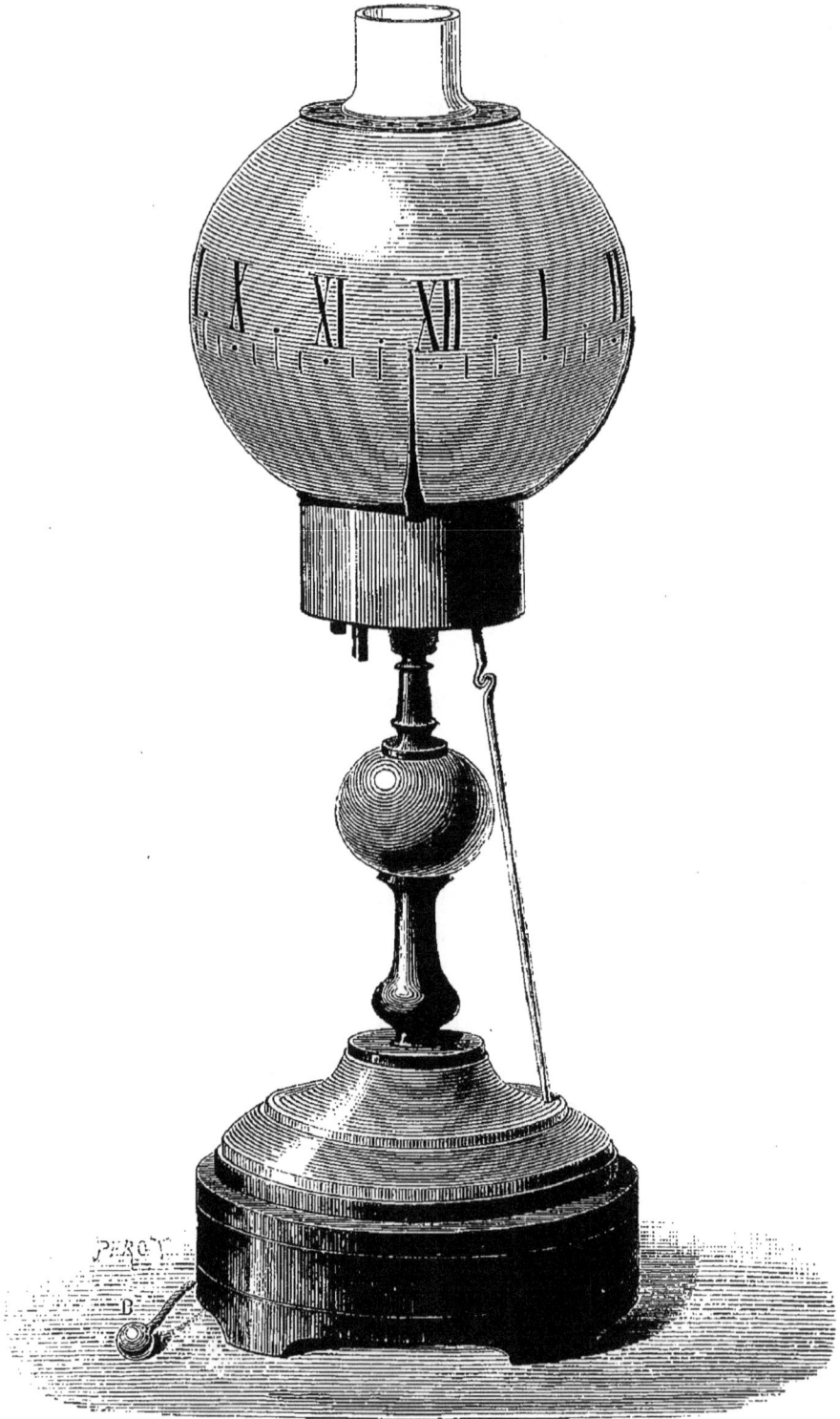

FIG. 1. — Pendule veilleuse. — Fantaisie créée en 1868.

FIG. 2 et 5

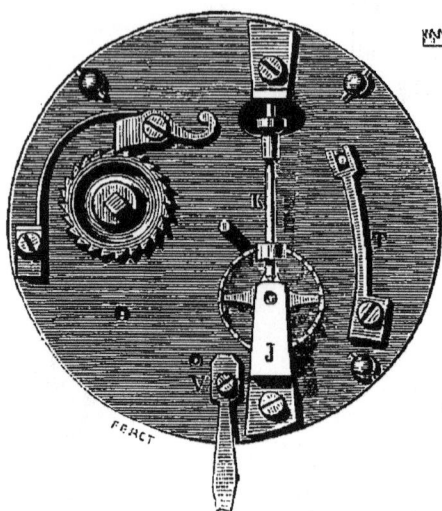 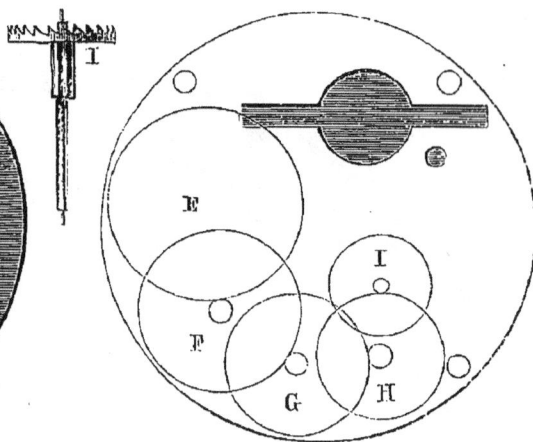

FIG. 4.   FIG. 5.

Au centre du mouvement de cette pendule (fig. 2) est un arbre B, au bas duquel se trouve rivée une roue A : sur le pivot-tige du haut de cet arbre B, est montée à frottement l'assiette d'un plateau CC ; ce plateau reçoit le vase N, contenant l'huile de la veilleuse, et son porte-mèche T ; il porte également le globe-cadran transparent avec sa cheminée M (1).

Pour conduire A, une roue D assez épaisse est fixée par trois vis au couvercle du barillet E. Ce barillet commande en même temps le pignon de F (fig. 3), et cette roue F communique son action à G, qui, à son tour, la transmet à H, puis cette dernière fait tourner le pignon porteur de la roue I, dite d'échappement.

La figure 2 fait voir la position du barillet entre les platines, et la figure 4 le dessus du mouvement, sur lequel est

_____

(1) Sans cette cheminée, la lumière de la veilleuse tremble et produit un effet désagréable.

le pied V de son aiguille, ainsi que le pont J recevant le pivot du haut du pignon de I et un de ceux de la tige K de l'ancre de l'échappement.

La figure 3 indique les diamètres des roues et les places que ces roues occupent en cage ; puis la forme de l'ouverture faite à la platine du bas, dans laquelle passe et fonctionne la tige du balancier.

Cette tige est taraudée sur la partie qui traverse la boule L, du balancier (fig. 2), et le trou par lequel elle passe est lisse ; mais cette boule contient un ressort dont le bout est recourbé et pénètre entre les pas de vis de cette tige, de manière que, quand, pour régler la pendule, on fait tourner cette boule, le bout de ce ressort, suivant le pas de vis de cette tige, fait monter ou descendre ladite boule, selon le sens dans lequel on la fait tourner ; de plus, ce ressort, par sa tension contre cette tige, produit un frottement doux et constant,

Le mouvement de cette pendule n'a pas de minuterie, son aiguille reste fixe : cependant elle indique l'heure. Voici comment :

La roue A (fig. 2), obéissant à la roue D, fait tourner l'arbre B, porteur du plateau CC, sur lequel est posé le globe-cadran, de manière que ce globe se trouve conduit par D, et qu'il présente régulièrement l'heure devant cette aiguille,

L'ensemble de ce mouvement se compose :

A, roue de 48 (fortement rivée sur l'arbre B) ;

D, roue de 24 ;

E, barillet 64 ;

F, roue 1re de 54 sur un pignon de 8 ailes ;

G,　id.　de 48 et pignon de 8 ;

H,　id,　de 44, pignon de 7 ;

I, roue d'échappement de 23, pignon de 6.

Quelque temps après avoir fait paraître cette pendule, bon nombre de demandes me furent adressées pour en avoir avec réveil; très bien. Mais où le placer, et comment l'établir pour qu'il soit bon?

Ce n'est qu'en le logeant dans le socle du pied de la pendule que j'ai pu y parvenir, et pour le faire fonctionner j'ai ajouté au plateau CC un cercle ayant une entaille P, puis une détente R, dont la tige traverse verticalement le mouvement de la pendule; mais, comme il faut, pour remonter le ressort de ce mouvement, enlever ledit mouvement de dessus son pied, cette détente est en deux parties reliées par le crochet S (fig. 2), la partie du bas de cette détente plonge dans le socle et fait momentanément arrêt au rouage du réveil, en le maintenant par la flèche X (voy. fig. 5).

Par ces dispositions, quand arrive l'heure d'être éveillé, l'entaille P du plateau CC se présente au-dessus de la détente R; et, par l'action du ressort T (fig. 4), cette détente remonte et dégage la flèche X; alors le réveil est libre, et sans perdre de temps il se fait entendre.

Pour la mise à l'heure de ce réveil, l'assiette du plateau CC, au lieu d'être à frottement sur la tige de l'arbre B, se trouve montée à carré sur cette tige, et CC posé simplement dessus, puis pour l'y maintenir et pour que l'on puisse aisément le faire tourner, il y a sous l'embase de son assiette une plaque OO (1), tenue par trois vis partant de dessus ce plateau, de façon que ladite embase se trouve entre CC et cette plaque OO. C'est par ce moyen que j'ai obtenu le maintien de ce plateau et en même temps pour la mise à l'heure un frottement doux à volonté.

Quand on veut faire usage de ce réveil, il faut, en le préparant, soulever un peu le globe-cadran, pour conduire l'heure à laquelle on veut être éveillé devant l'aiguille en cuivre, qui est celle du réveil; ensuite se servir de cette

(1) Vue séparément, fig. 2.

aiguille pour faire tourner CC, et ramener ainsi l'heure du moment présent devant l'aiguille d'acier.

On remonte le ressort de ce réveil en tirant le cordon au bout duquel est suspendue la boule B (voy. fig. 1).

Le globe-cadran et le mouvement de cette pendule sont représentés à leur grandeur ordinaire (fig. 2, 3 et 4), et le tout réduit de moitié (fig. 1).

Le rouage de ce réveil ressemble au rouage du réveil de la pendule squelette, et son échappement à celui de la huitaine. A son ancre, est également fixé le manche d'un marteau, mais ici il se termine par une flèche X (voy. fig. 5).

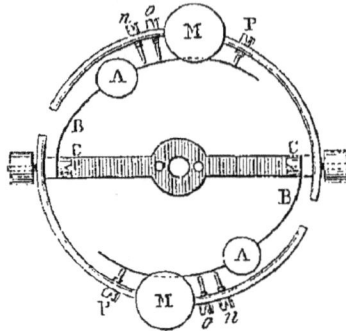

Les chronomètres employés par la marine auxquels ce balancier est destiné, sont assurément les chefs-d'œuvre de la mécanique. L'horlogerie a le droit de s'en glorifier ; mais les peines qu'ils ont coûtées, qui peut nous les dire ?

Peu de personnes savent que, pour parvenir à leur donner ce degré de perfection, il a fallu plus d'un siècle.

Dans ce laps de temps, combien d'essais infructueux ont été exécutés par des horlogers malheureux, desquels il n'a même pas été fait mention ; que de combinaisons et de sacrifices sont restés inconnus pour arriver à neutraliser dans ces machines l'action des frottements (1) et les effets de la température !

De ces difficultés vaincues, qui nous en tient compte ? La science ? L'exigeante demande mieux encore : sa raison, c'est que les balanciers compensateurs en usage sont géné-

---

(1) Ce qui n'a eu lieu assurément que quand on a pu faire en rubis les levées de l'échappement et les trous dans lesquels tournent les pivots des mobiles.

ralement impuissants à conserver l'heure, quand ils sont exposés aux températures extrêmes.

Afin d'obvier à cet état de choses et de lui donner satisfaction, j'ai ajouté audit balancier deux petites masses AA, portées par les ressorts BB, lesquels sont montées à l'intérieur de ce balancier, et fixés par les vis CC.

Les bouts de ces ressorts BB reposent sur les pointes des vis PP, qui sont à un point où l'arc Bi métallique ne fait que très peu de mouvements.

Ces ressorts BB n'ont que la force nécessaire pour se maintenir contre les pointes des vis CC.

Ce balancier est représenté à l'état d'une température moyenne de 15 degrés; pour en suivre les effets, remarquez premièrement les distances que les pointes des vis nn et oo laissent entre elles et les ressorts BB; supposez ensuite que cette température se soit élevée à 25 degrés, naturellement l'arc Bi métallique aura fait un mouvement rentrant, et les pointes des vis oo auront poussé les ressorts BB vers le centre de ce balancier, et par conséquent les masses AA, dont ils sont porteurs.

Admettons de même que la température continuant à s'élever soit parvenue à 35 degrés : il en résultera que les vis nn se trouveront à leur tour chargées d'agir contre les ressorts BB, et qu'en raison de la position qu'elles occupent, elles suppléeront à l'insuffisance de l'effet que produit alors l'arc Bi métallique; ceci explique et fait voir qu'en changeant de place les vis oo, nn, de même que par les masses, on rend ce balancier plus ou moins sensible.

Je l'ai expérimenté pendant l'hiver de 1879 à 1880 aux températures de 6 à 8 degrés au-dessous de zéro; puis au moyen d'une étuve à des chaleurs s'élevant à 40 degrés, et il a très bien répondu à mon attente.

Pour pouvoir compter sur l'efficacité d'un balancier compensateur, même le mieux conditionné, il faut lui avoir fait subir des épreuves; que ces épreuves souvent répétées soient faites avec beaucoup de soins, aucune partie de l'horlogerie n'exige autant de savoir. Le régleur, avant de vouloir faire disparaître les écarts qu'il a constatés, doit s'assurer si ces écarts proviennent uniquement du changement de température; autrement il s'expose à des désapointements, et lorsqu'il n'a plus à corriger que les écarts des secondes, le trop ou le pas assez, en touchant aux petites masses, sont les opérations qui, souvent aussi mettent sa patience à de très longues épreuves.

Par ce qui précède, on a dû se rendre compte des difficultés que présente ce travail, et penser que, pour le faire, il faut vraiment en avoir l'amour : et pourtant ce travail et cette belle horlogerie (ne pouvant être appréciés que par un très petit nombre de personnes) n'offrent, hélas! que bien peu d'encouragement.

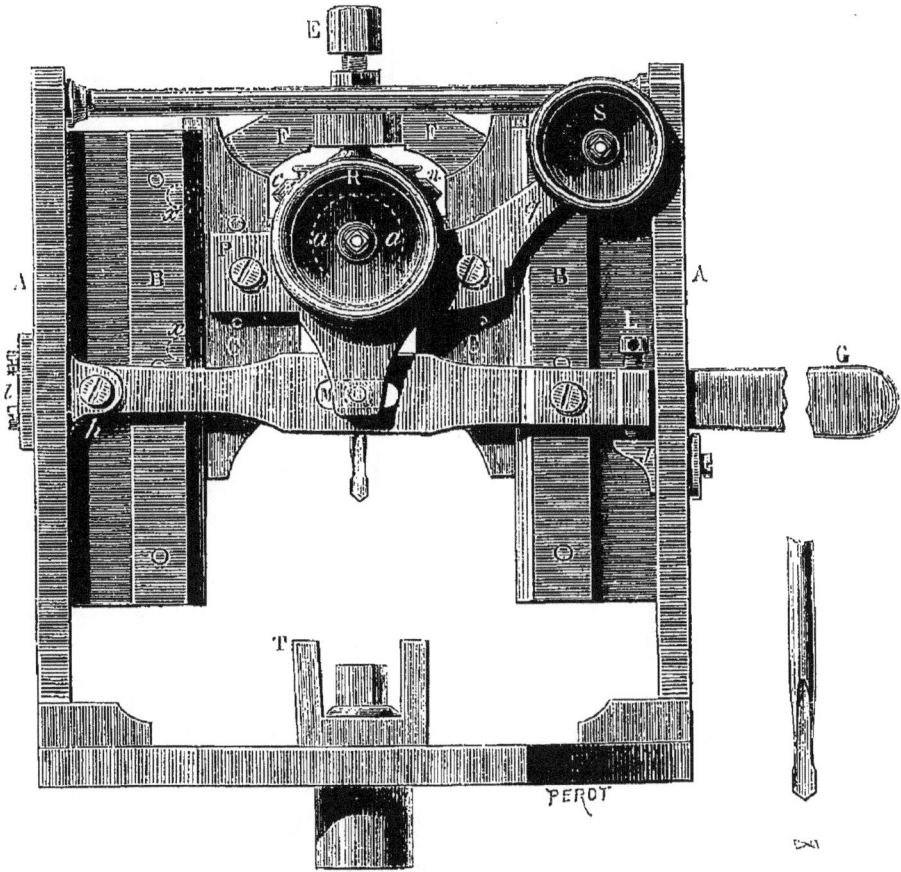

FIG. 2. — Outil à percer et à fraiser.

DESCRIPTION

Sur les montants AA d'un châssis sont fixées des coulisses BB ; dans ces coulisses glisse une platine CC, formant par en bas un pont y (voy. p. 48, fig. 1); dans ce pont tourne le porte-foret z, soutenu par la vis E, traversant en hauteur le pont FF, fixé à CC par deux fortes vis.

On fait monter ou descendre la platine CC (fig. 2) à l'aide du levier G : le centre du mouvement ou charnière de ce levier est à la pièce h, ajustée dans une des entailles faites en hauteur des montants AA.

Cette pièce h s'y trouve maintenue par la pression de la petite plaque i, tenue à h par deux vis.

Dans l'entaille de l'autre montant A, que traverse le manche du levier G, est ajusté un support j, que l'on peut, ainsi que la pièce h, faire monter ou descendre et fixer à la hauteur voulue.

A ce levier est montée verticalement une longue vis L, dont le bout fait butoir sur le support j.

Pour pouvoir conduire CC par le levier G, j'ai pratiqué dans la partie la plus large de ce levier une ouverture M, assez longue, dans laquelle est ajusté et fonctionne un galet, représenté au pointillé; ce galet tourne sur un piton monté à cette platine CC, et par son autre bout, ce piton traverse le pont P, lequel est aussi tenu à CC par deux grosses vis.

Comme on peut le voir par l'ensemble de ces dispositions, on a le moyen de faire mouvoir la platine CC et de régler avec précision la pénétration des forets ou des fraises.

En haut du porte-foret est adaptée une roue d'angle, visible de c en n; une autre roue, moitié plus petite, représentée par le cercle pointillé en aa, vient engrener avec cette roue, et la commander.

Cette petite roue *aa* est montée sur un axe fonctionnant entre la platine CC et le grand pont P ; et c'est sur le prolongement de cet axe devant le pont P que se place la poulie R sur laquelle s'enroule la corde d'entraînement.

Pour ne pas fatiguer cet axe, et que la corde ait plus de prise sur cette poulie, et même qu'elle l'entoure complètement, une deuxième poulie *s* est ajustée sur une broche portée par le petit pont *q*, placé et fixé dans une position telle, que tout l'effort du tirage de la corde pèse sur cette deuxième poulie, comme on le voit en R et *s*.

Le diamètre de la poulie R doit être en rapport au besoin de force ou de vitesse.

Lorsque j'avais à percer des trous très petits, je supprimais l'engrenage, et je faisais passer la corde, et plus souvent un fil, dans la gorge de la poulie montée à la partie supérieure de la roue d'angle *cn*.

Afin que la platine CC n'offre pas de résistance en glissant dans ses coulisses, deux galets sont placés sur son côté faisant face au tirage de la corde; ils sont représentés au pointillé, en *xx*.

Sur la base de l'outil, est adapté un support T, sur lequel on tient les pièces à percer ou à fraiser; et, pour que l'on puisse placer à volonté cet outil dans l'étau, deux forts pitons en cuivre sont fixés en dessous du châssis.

Avec cet outil, je faisais des creusures aussi précises que sur le tour à burin fixe, et en beaucoup moins de temps; puis, avec les fraises qui servaient à faire ces creusures, je dégageais le dessous des ponts.

Le foret est également de mes idées. Ses qualités sont d'être très résistant et de conserver parfaitement la direction de trous. Remarquez qu'une partie de sa mèche est cylindrique; et voyez par le petit tracé qui est au-dessous, que ses côtés parallèles sont un peu dégagés en arrière, puisque son épaisseur est répartie en forme de gouge.

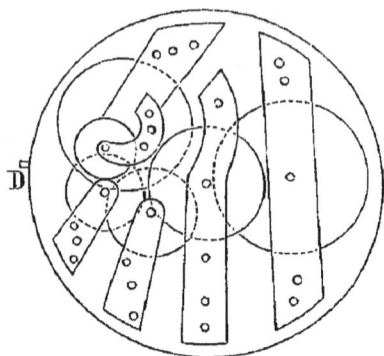

FIG. 1.

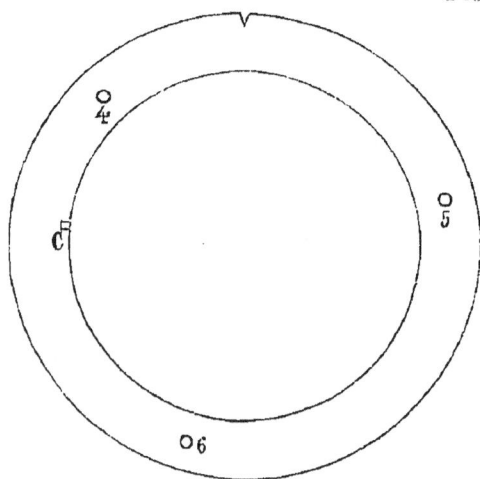

FIG. 2.

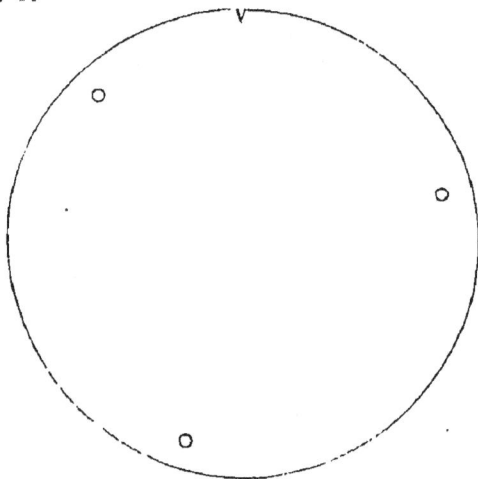

FIG. 3.

La figure 1 représente le calibre d'un mouvement de montre, et la figure 2 une boîte, dont la capacité est en rapport avec la platine de ce mouvement; la figure 3 est le couvercle de cette boîte.

Les platines de montre étant débitées à l'emporte-pièce (1), j'en continuais la façon de la manière suivante : premièrement, je perçais à ces platines le trou de la goupille, dite d'emboîtage; puis je plaçais provisoirement dans ce trou un bout de laiton D, dépassant un peu, et, après avoir tracé sur une platine un calibre quelconque, j'introduisais cette platine dans la boîte (fig. 2), en ayant soin

---

(1) Cet outil très simple, dont les services sont à l'infini, où est l'homme qui l'a imaginé? qui le connaît et l'en félicite?

que le bout de laiton D entrât juste dans l'entaille C ; ensuite je perçais cette platine, et en même temps le fond de la boîte, puis j'y mettais le couvercle et, à son tour, je le perçais.

C'est par ce procédé que j'obtenais avec précision, dans le couvercle, la place des trous devant servir à guider les forets (1), et au moyen de l'outil et du foret, expliqués pages 41, 42 et 43, je pouvais percer un très gros nombre de platines sans craindre que ces trous dévient de leur position.

Le fond de cette boîte (fig. 2) est tenu par trois vis : les tiges de ces vis dépassent et sont indiquées 4, 5 et 6 ; sur ces tiges s'ajoute le couvercle de ladite boîte.

J'ai quelquefois trempé le couvercle de ces boîtes ; mais il est préférable d'en agrandir les trous, et ensuite d'ajuster dans ces trous des petits tubes en acier trempé et revenu au bleu ; de cette façon, quand ces trous ne sont pas ou ne sont plus à la grosseur voulue, on peut y remédier en changeant ces tubes.

Pour faciliter la sortie de l'espèce de limaille que produit le foret, on agrandit les trous faits au fond de ces boîtes.

Afin d'éviter les erreurs souvent répétées, par le manque de soin des personnes que j'employais à faire ce travail, j'avais pris le parti d'ajuster à ces boîtes autant de couvercles qu'il y avait de grosseurs de trous à percer.

Ce procédé, ma machine à tarauder et mon foret m'ont rendu de très grands services ; ils étaient des plus utilisés dans ma fabrication, et par leur fidélité ils ont sensiblement contribué à la bonne qualité de mes produits et, par conséquent, à leur succès.

---

(1) Il en était ainsi pour toutes les pièces à percer, et les boîtes ou capacités devant les contenir ressemblaient intérieurement aux formes extérieures de ces pièces.

Les fabricants ne sauraient trop donner d'attention aux moyens qu'ils emploient pour les perçages, car ils sont pour beaucoup dans les résultats des qualités de leurs produits.

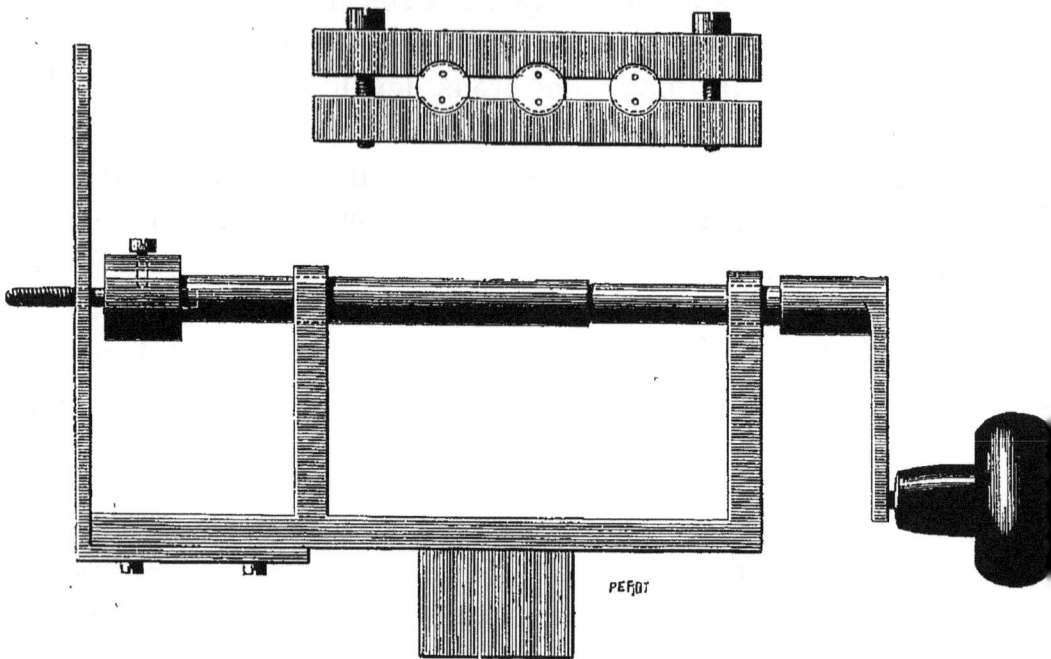

PERROT

Moyen de tarauder que j'ai longtemps cherché, puis fort surpris, en le trouvant, que l'idée ne m'en fût pas venue plus tôt.

Son mérite est de donner, aux personnes les moins capables, la facilité de tarauder à l'équerre, ne leur laissant aucune excuse si elles parviennent à casser le taraud.

Comme on peut le voir, cet outil-machine ressemble à une estrapade.

Pour s'en servir, on maintient les pièces à tarauder sur le devant de son équerre, et lorsque l'on taraude, l'arbre de cette machine glisse dans ses supports en suivant le taraud à mesure qu'il pénètre dans la pièce.

Les services que cet outil m'a rendus et ceux qu'il peut rendre à notre industrie font partie des raisons qui m'ont engagé à faire ce mémoire.

Le dessin placé au-dessus représente une pince dans laquelle sont des coquerets prêts à être taraudés : un rebord plat ménagé dessous les reçoit à l'équerre.

Pour tarauder les trous de la grosseur de ceux de ces coquerets, on doit se servir d'un outil ayant une manivelle plus petite.

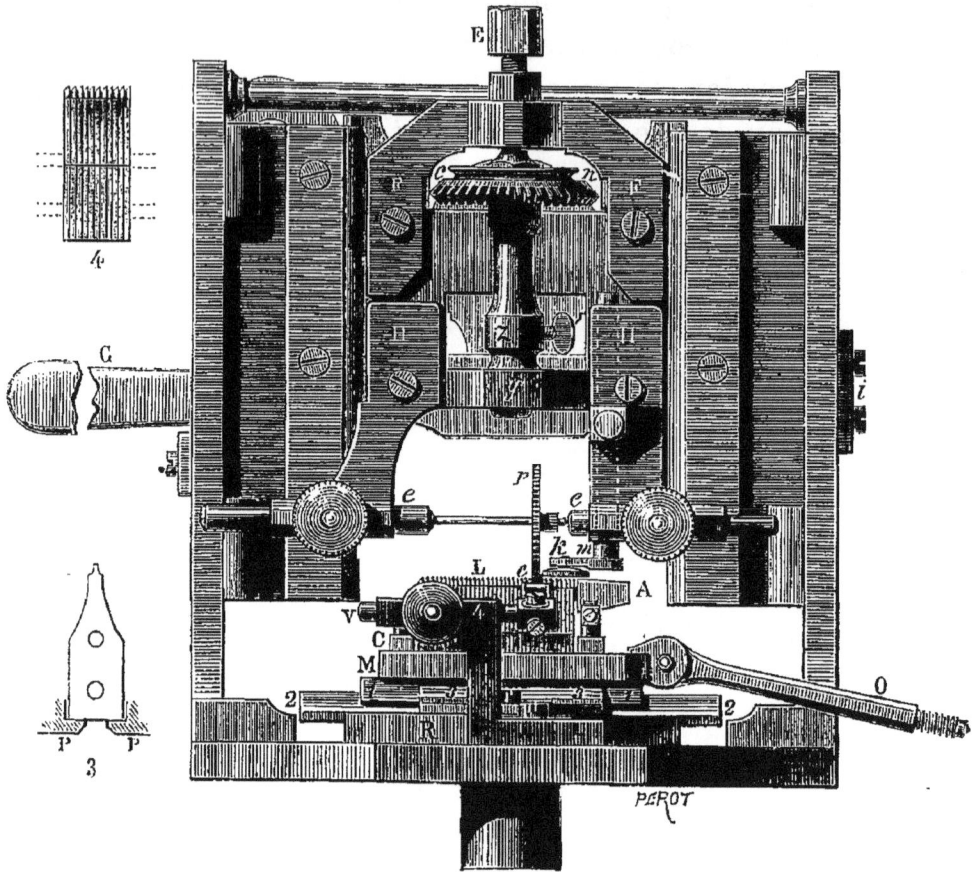

FIG. 1.

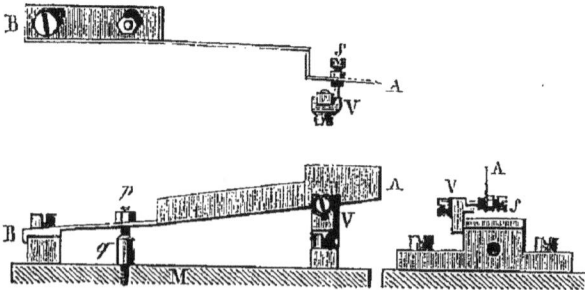

FIG. 5 et 6.　　　　FIG. 7.　　　　FIG. 8.

Machine dite rabot pour mettre les roues de pendules au diamètre voulu,
ou simplement rondes.

(Donnée au Conservatoire national des Arts et Métiers.)

Tout le monde aujourd'hui sait que, pour soutenir avantageusement la concurrence, il faut un outillage offrant le moyen de produire vite et bien.

La première des mille difficultés à vaincre pour le fabricant d'horlogerie, c'est d'obtenir à peu de frais des engrenages fidèles.

Pour cela, il faut que les roues employées, après être fendues, soient rondes ; souvent elles ne le sont pas. Dans ce cas, comme dans plusieurs autres, si l'ouvrier est obligé de refaire les engrenages, alors le prix de revient augmente, et, s'il néglige de les replanter, qu'en advient-il ? Des *désagréments*.

Quand l'idée m'est venue de faire cette machine, j'étais très occupé et je n'avais personne à qui je pusse en confier l'exécution ; mais, à force d'y penser et de chercher, je vis la possibilité de l'appliquer sur un de mes outils à percer (sans rien y changer), et qu'en profitant de ses dispositions je m'économiserais une grande somme de travail (malgré mon peu de goût pour les outils qui, par des accessoires de rechange, peuvent servir à diverses sortes de travaux).

Impatient d'en voir les effets, je me mis à l'œuvre, en ajoutant, sur le devant de la platine CC (fig. 2, p. 40, et fig. 1, p. 47), deux ponts HH, pourvus chacun d'une broche *ee*. C'est entre ces broches que se place la roue dont on veut retoucher les dents.

Pour soutenir le champ de cette roue pendant l'opération, une broche M, traversant verticalement un de ces ponts H, porte à sa base et sur un retour d'équerre un galet K, que l'on place à la hauteur convenable de la partie non divisée du champ de la roue, contre laquelle ce galet doit appuyer légèrement.

A la place du support T, j'ai mis une platine R, sur laquelle est ajusté un chemin de fer, façon banc de tour 2 et 2 (fig. 1).

Sur ce chemin de fer, glisse un châssis M en cuivre, dit porte-lime, monté sur deux patins d'acier ; un seul se voit en *ii* et s'y trouve maintenu librement par deux larges pattes, dont une 3 — 3.

La lime, dite rabot de cet outil, est composée de petites plaques d'acier découpées et percées (fig. 3) ; la partie qui doit travailler est dégagée en arrière, comme le sont les crochets à tailler les dentures, et comme le montre la figure 4.

Ces plaques s'ajustent les unes contre les autres, et, pour les maintenir dans cette situation, elles sont traversées par deux boulons et serrées entre deux écrous ; de sorte que, quand ladite lime ne mord plus, on peut la démonter pour en repasser les dents. En réalité, cette lime est une succession de crochets disposés en ligne droite.

Cette lime, traversée par ses boulons et les écrous serrés, est ensuite placée au milieu du châssis M ; puis elle y est maintenue solidement par deux supports C (1), qui reçoivent les extrémités de l'un de ces boulons, et par sa base, en s'appuyant sur le rebord intérieur des patins d'acier 1 — 1, comme on le voit en P (fig. 3).

Le châssis M, porteur de la lime et du ressort BA, est mis en mouvement par une bielle montée sur le bout de l'arbre d'un tour au pied.

A cet effet, une tringle O est ajustée à cette bielle et vient se rattacher à ce châssis M, en faisant charnière, comme le montre la figure 1.

Dans cette condition et la bielle mise en action, voici comment, à chaque va-et-vient de la lime, la roue P tourne

(1) Un est représenté figure 7.

automatiquement d'une dent à l'autre, et comment cette roue se trouve maintenue pendant le travail de la lime.

Ce double effet est produit par deux ressorts, le premier vu en A et isolément (fig. 5 et 6), l'autre de S en C (fig. 8).

Ce dernier est ajusté sur la broche V, traversant horizontalement le pont 4, et se termine en C par le petit galet mobile, appuyant entre deux dents successives de la roue P.

Ce ressort SC doit être assez ferme pour maintenir la roue pendant le travail de la lime et assez flexible pour céder sous l'effort qui fait tourner cette roue et sauter ledit galet C d'une dent à l'autre.

Par une simple inspection du dessin, on voit que l'on peut, en poussant à droite ou à gauche la broche V dans son pont 4, placer le galet C en rapport avec la roue en chantier ; de même que, si l'on fait tourner cette broche, il faut, avant de la fixer, donner au ressort porteur du galet C le degré de tension dont il a besoin pour produire l'effet expliqué plus haut ; on voit également que ce ressort peut glisser dans sa longueur à l'aide de la vis de rappel S, et qu'il doit ensuite être arrêté par la vis de pression qui est au-dessus de cette vis de rappel.

Quant au ressort BA, représenté (fig. 5 et 6) en place, il se trouve monté sur un des ponts C.

La figure 5 fait voir un des côtés de ce pont, et le dessus du châssis M, puis le piton Q, traversant le ressort BA dans sa largeur et le maintenant à la hauteur voulue par son écrou P.

La petite longue vis S, avec un écrou, sert à régler et à fixer la direction de la pointe de ce ressort BA, en s'arrêtant contre le buttoir V (voy. fig. 7), et pour le soutenir pendant qu'il fonctionne ; la tige de cette vis S glisse en s'appuyant sur le bras en acier du buttoir V (ce bras est à coulisse et peut être monté plus ou moins haut).

Les choses étant ainsi, et la tête du ressort BA mise en concordance avec la lime, tandis que sa pointe A, inclinant à droite, visera l'intervalle voisin de celui qui fait face à la lime, et le châssis M mis en mouvement, ledit ressort BA, suivant le va-et-vient de ce châssis, pénétrera dans l'intervalle indiqué et, en y entrant, il fera tourner d'une dent la roue P.

Ce ressort BA est assez flexible pour que, dans son mouvement de retour, il puisse, en se soulevant un peu, glisser contre la dent de la roue sans la faire mouvoir et reprendre aussitôt son poste.

Par mon système à percer les trous (expliqué p. 44 et 45) et cette machine-rabot, en ayant soin de s'assurer du diamètre des roues (1) dans un calibre fait comme pour vérifier la grosseur des pignons, j'obtenais des engrenages tels qu'il n'était plus nécessaire de s'en occuper, et les remonteurs n'avaient alors à répondre que de la grandeur des trous des pivots dans les platines.

A ce sujet, les roues étaient d'abord fendues légèrement grandes, et par séries de plusieurs mille.

Pour retoucher avec cet outil les dents d'une roue de 70, il fallait en moyenne trente-cinq secondes.

Pour faire ce travail, de même que pour les perçages et les taraudages, je n'avais pas besoin de personnes sachant limer et tourner, de sorte que je pouvais y employer des femmes, et ces femmes, en les payant 3 fr. 50 ou 4 francs par journée de dix heures, étaient contentes.

J'avais bien un peu de peine pour les mettre au courant; mais ensuite j'en étais dédommagé par leur exactitude, condition sans laquelle le patron ni l'ouvrier ne peuvent pas être satisfaits.

(1) Déterminé à l'avance.

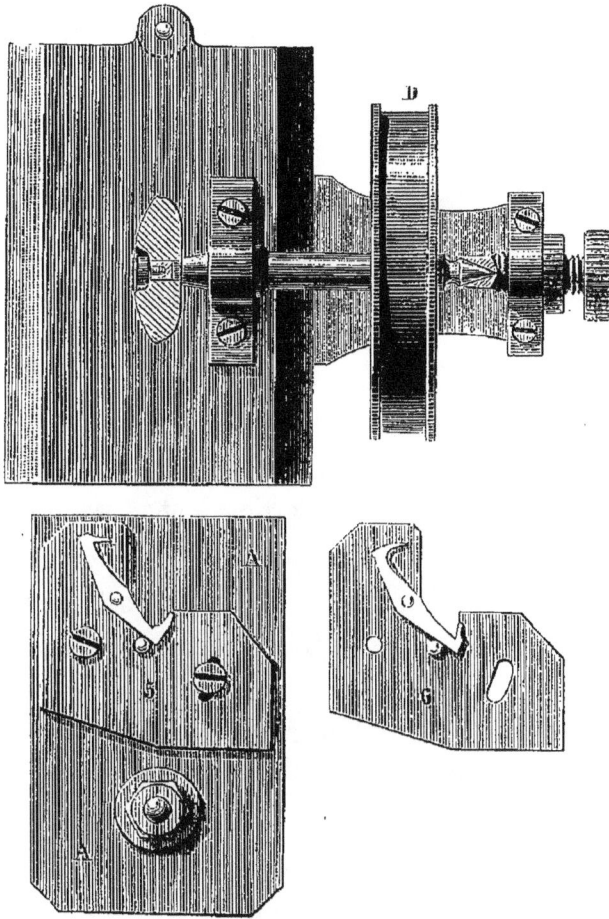

FIG. 2.

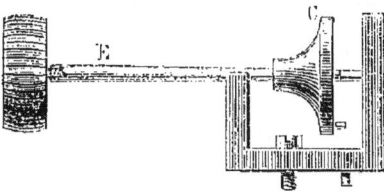

FIG. 3.

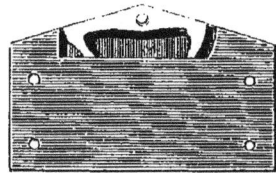

FIG. 4.

Pièces servant au taillage des ancres.

La quantité d'échappements que j'avais à faire chaque année m'a obligé, forcé de chercher le moyen d'en abréger le travail, et, pour y parvenir, j'ai ajusté sur l'arbre du plateau d'une plate-forme un pont AA (fig. 2); ce pont, large et fort, est fait en équerre et se termine en appuyant sur le banc de cette plate-forme (1). Sur ce pont, je plaçais, selon le cas, des platines en acier représentées par 5 et 6, avec chacune une ancre prête à subir l'action de la fraise ou des fraises; car, pour obtenir certaines formes, il en faut deux, et même il en faut trois pour tailler la fourchette d'un échappement à ancre, à balancier circulaire (2).

Ces platines 5 et 6 ont, pour recevoir les ancres, chacune deux pitons, l'un entre juste dans le trou de l'ancre, et l'autre lui sert de buttoir, et, quand on fait descendre la hache, et que la fraise, en passant, fait son travail, on maintient l'ancre en appuyant dessus.

Pour terminer la partie concentrique extérieure de ces ancres, j'arrêtai tout mouvement au châssis dit hache, et je mettais le pont 3 où se trouve la platine 5, puis sur l'arbre E, contre son assiette C, je plaçais une ancre, et pour conduire la partie concentrique de cette ancre sous l'action de la fraise, je faisais tourner l'arbre E (3) en sens contraire du mouvement de la fraise.

Le bout de cet arbre E passe et tourne dans le montant le plus haut de ce pont 3, puis il fonctionne sur l'autre montant

(1) Qui n'ayant rien de particulier ne figure pas.
(2) Je taillais également les ancres à demi-repos de mes pendules veilleuses, mais sur un outil à faire les pignons.
(3) Au moyen du bouton molté.

dans un cône, de sorte que l'on peut l'enlever facilement de dessus ce pont, et de même l'y replacer.

Le taillage de ces ancres se faisait par série de plusieurs mille.

Pour que les fraises puissent faire un long usage, il faut qu'elles débitent tout ce qu'elles ont à débiter sans glisser contre la partie qu'elles doivent enlever.

Remarquez qu'à ce sujet, la poulie D (fig. 1) est d'un gros diamètre ; et encore, pour un bon effet, il faut que la corde d'entraînement qui la commande soit très tendue. C'est ce que j'ai appris assez chèrement; mais, lorsqu'on est parvenu à savoir bien se servir des fraises, alors seulement elles rendent de très grands services.

J'avais, pour les tailler, une plate-forme dont la hache avait des bras articulés, pouvant être inclinés à droite ou à gauche et suivre, en les maintenant, deux guides parallèles, ayant la forme voulue pour la fraise : ce moyen est connu depuis longtemps.

Lorsque les ancres étaient découpées, avant d'en continuer la façon, je les faisais recuire doucement au rouge naissant, pendant vingt-quatre heures, dans une capacité contenant du charbon de bois pilé ; ensuite je les perçais par le procédé expliqué pages 44 et 45 ; puis je les limais plat devant et derrière; après j'en ébisclais fortement les trous, pour donner à leur dos la forme définitive (1), je les plaçais par trois dans un guide en acier bien trempé, dont une moitié est représentée (fig. 4) avec une ancre dedans, et, pour les y maintenir, une broche est passée dans leurs trous.

Lorsque ces ancres n'étaient pas parfaitement découpées et qu'il restait trop d'acier à enlever pour la fraise (que l'on doit toujours ménager), j'enlevais cet acier en me servant d'un guide, comme je viens de le dire, pour les dos.

(1) Cette partie de l'ancre doit ensuite servir de point d'appui à toutes ces opérations.

Les plans inclinés de ces ancres étaient faits sur cette plate-forme, ou entre deux guides.

Quand j'ai cédé la moitié de mon établissement en 1865, il y avait plus de vingt ans que je faisais usage des procédés qu'explique ce mémoire. J'ai depuis visité, dans leurs détails, les ateliers d'un très gros fabricant d'horlogerie, à Genève, dont les produits sont faits, selon le terme consacré, *mécaniquement* : tout y est bien ordonné sans doute, mais je n'y ai rien vu qui ne nous soit plus ou moins connu; et j'ai constaté que, pour certaines parties importantes, les moyens qu'il emploie sont plus compliqués, moins positifs, et aussi moins expéditifs que ceux dont je me servais.

En résumé, les résultats que j'ai obtenus de mes procédés de fabrication sont la preuve de leurs mérites; je ne peux pas en invoquer de plus convaincants ni de plus favorables.

Aux fabricants qui se plaignent que les affaires ne vont pas, je réponds :

Faites des produits de bonne qualité, les acheteurs viendront et reviendront.

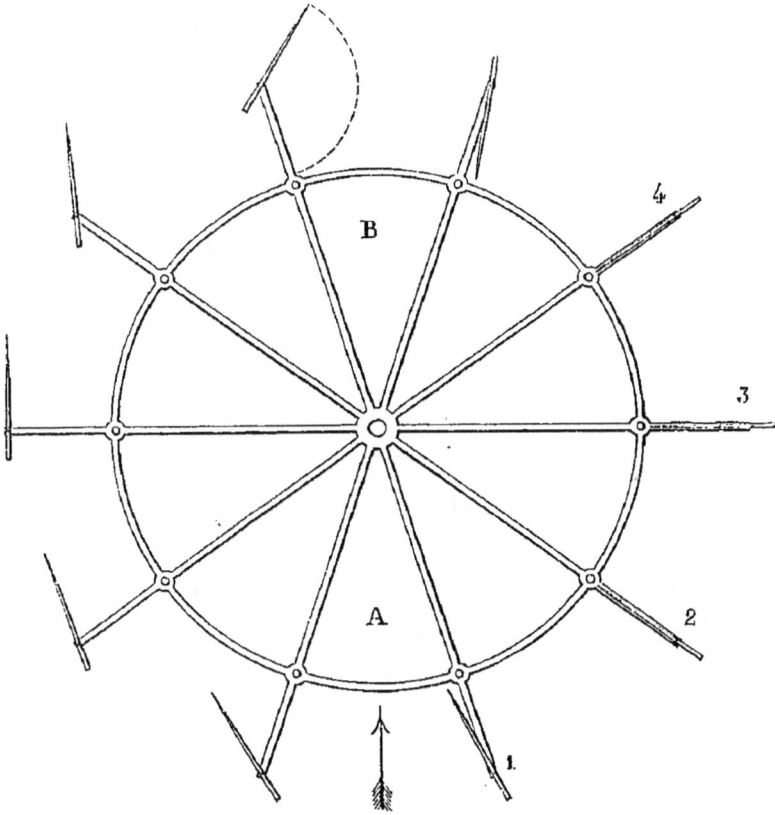

Roue hydraulique, moteur à palettes mobiles.

Le dessin ci-contre la représente et fait voir les évolutions que font ses palettes pendant qu'elle fait un tour.

Pour en suivre les effets, remarquez : que le courant va se dirigeant de A à B, que la palette n° 1 est sur le point de contribuer à l'action de cette roue, et que, cette roue continuant son mouvement de rotation, ladite palette doit prendre successivement la place des palettes 2, 3 et 4, qu'alors elle présentera sa surface la plus large au courant, et qu'ainsi elle en transmet la force à ladite roue motrice; ensuite que cette palette n° 1, entraînée par le mouvement de cette roue, reproduira (revenant où on la voit) les évolutions indiquées par les autres palettes, et de même pour toutes, à chaque tour de cette roue, dont la puissance est en raison de son diamètre, puis de la surface de ses palettes et de la vitesse du courant. Cette roue fonctionne très bien sous la glace; l'expérience en a été faite en 1831.

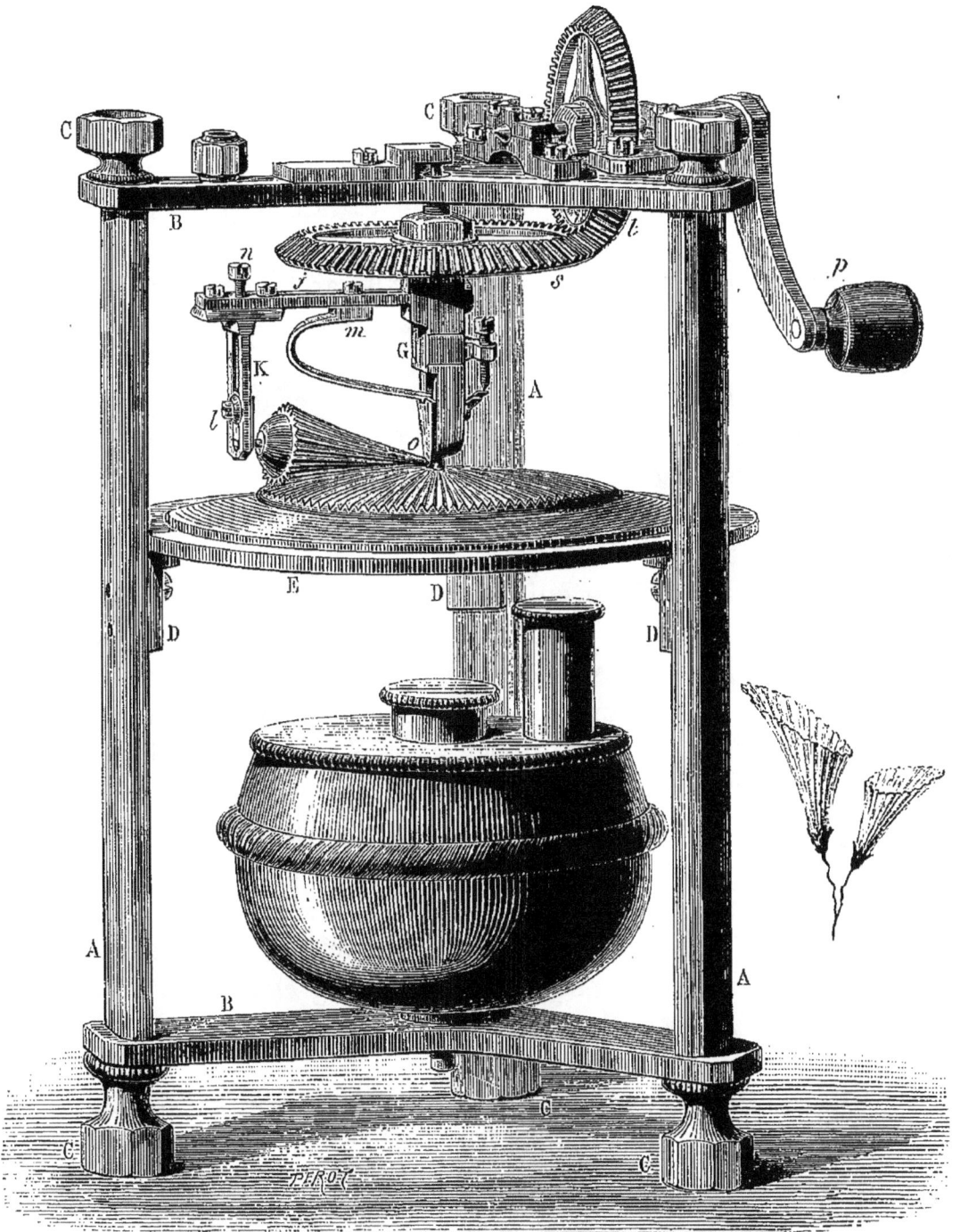

Machine à plisser et à gaufrer les fleurs artificielles.

(Donnée au Conservatoire national des Arts et Métiers.)

Cette machine se compose d'un bâti fait de trois montants AAA et de deux platines BB en forme de triangle. L'assemblage de ce bâti est maintenu par les écrous CCC, ceux du bas servent en même temps de pied à ladite machine.

A l'intérieur, contre les montants A, sont trois petits supports DD, sur lesquels se trouve fixée la platine E, disposée pour recevoir les plateaux.

Ces plateaux sont d'abord taillés selon le plissage ou le gaufrage qu'on veut obtenir.

Le rouleau conique qui est sur cette platine, commande l'engrenage ; et son diamètre, relativement au nombre de ses dents, dépasse les proportions ordinaires, par la raison que, dans ses fonctions, pour avoir un bon résultat, il doit attirer l'étoffe, puis la presser assez fortement aux fonds des divisions ou dents.

Un des pivots de l'axe de ce rouleau tourne dans un cône fait au bas de la petite pièce o, traversant et glissant dans une ouverture pratiquée à l'arbre G.

En haut de cet arbre G, est montée en équerre une traverse j, portant le ressort M, et un long châssis K, dans lequel est ajustée libre une pièce L, recevant le deuxième pivot de l'axe de ce rouleau.

Le ressort M, par son action sur la pièce o, fait que ce rouleau appuie constamment sur le plateau ; et, pour que la pression qu'il y produit soit au moins aussi forte à son autre bout, sous son gros diamètre, la traverse j, portant le ressort M et le châssis K, fait de plus les fonctions d'un ressort. Voici comment : lorsque, à ce sujet, on fait tourner de droite à gauche la vis n, le bout de cette vis buttant sur la pièce L, et cette pièce ne pouvant pas reculer, il s'ensuit que cette traverse *j* est obligée de s'élever en se cambrant, et, par conséquent, de pousser, en se raidissant, le rouleau sur le plateau.

Cette machine fonctionne au moyen de la manivelle P, ajustée sur l'axe de la roue T, commandant *s*, montée sur le haut de l'arbre G, porteur de la traverse *j*, qui conduit et fait tourner le rouleau sur son plateau.

Pour que le plissage ou gaufrage sortant de cette machine conserve tout son mérite, il faut que l'étoffe servant à faire ces fleurs ait été bien empesée, et ensuite qu'elle soit plissée à chaud.

A cet effet, une lampe à esprit de vin est placée sous la platine E : cette lampe s'y trouve maintenue par un piton passant à frottement dans l'épaisseur de la platine du bâti de cette machine, créée et exécutée en 1832.

Les fleurs faites au moyen de cette machine ne se distinguent pas de celles que produit la nature.

FIG. 1.

Scierie mécanique débitant en spirale le bois de placage et l'ivoire.

(Donnée au Conservatoire national des Arts et Métiers.)

PEROT

Fig. 2.

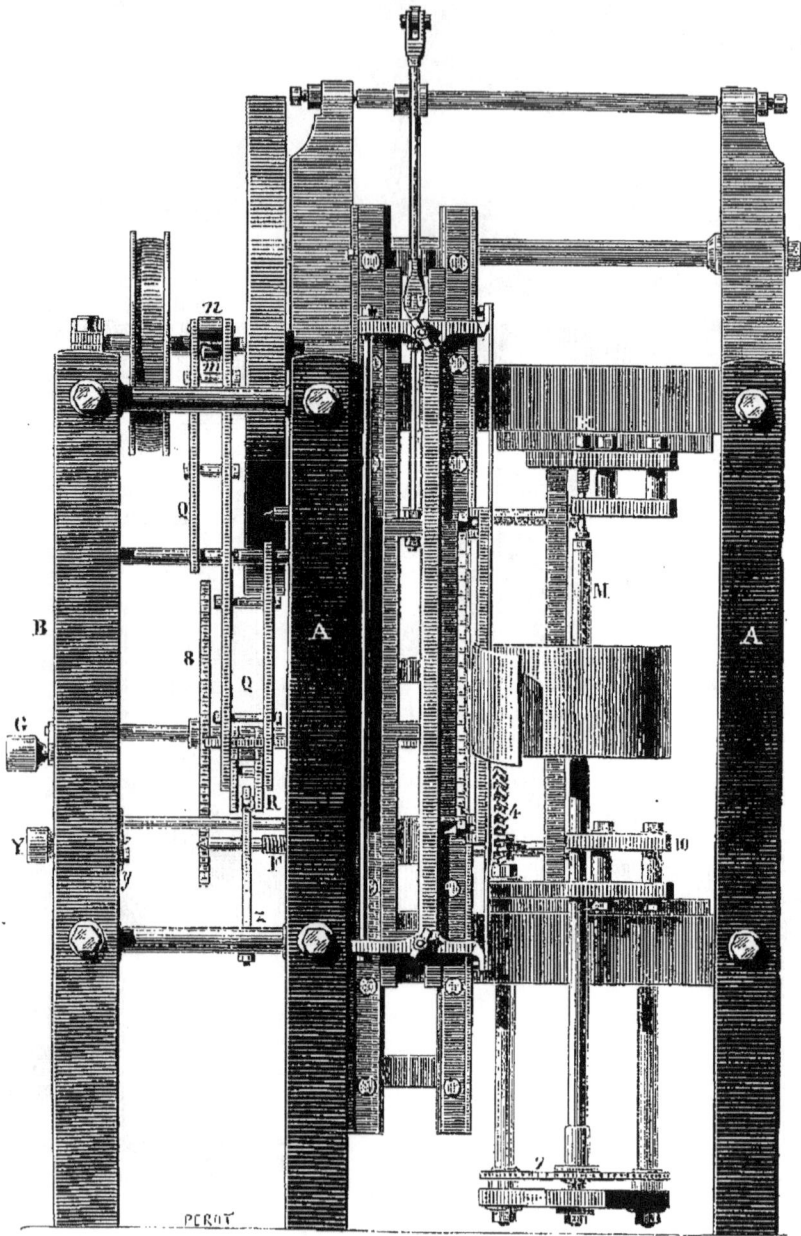

Fig. 3.

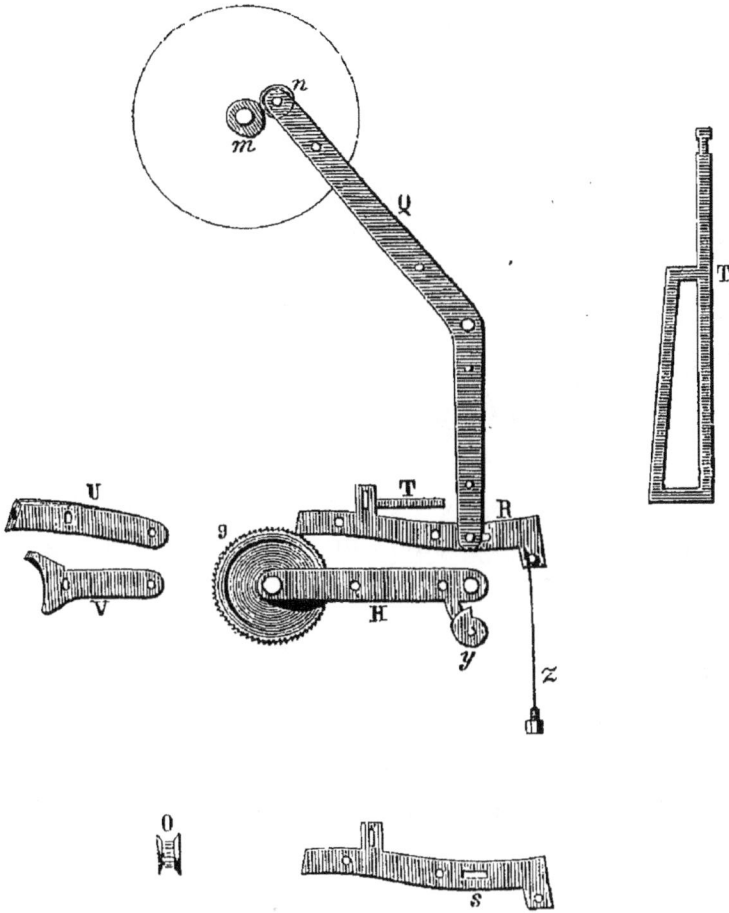

PLANCHE 4.

Le mécanisme de cette scierie est supporté par deux bâtis AA et BB; dans le premier (fig. 1), glisse sur des coulisses un chariot CCC, contenant l'arbre M porteur de la pièce à débiter, visible figure 3.

Ce chariot est conduit par trois longues vis; ces vis passent et fonctionnent dans les montants plats de l'intérieur du bâti AA (1). Sur ces vis sont montées les roues D, E, F; ces roues tournent ensemble au moyen d'une chaîne Gall.

La vis F porte une deuxième roue 4, dite roue d'angle; cette roue 4 commande une roue 5, figurée au pointillé sur l'arbre de la roue 6, qui engrène avec la roue 7, conduisant l'arbre M par un manchon placé dans le pont 10 (fig. 3). Ces roues 5, 6, 7 sont dans une petite cage suspendue au chariot CCC.

La vis portant la roue D a aussi une deuxième roue 8, visible figures 1 et 2, puis de côté (fig. 3) (2).

Cette roue 8 est commandée par un pignon-lanterne O, représenté séparément, planche 4.

Les trous du centre des plaques de ce pignon sont ajustés libres et à six pans, sur l'arbre du rocher 9, visible figure 2 et planche 4.

Cet arbre tourne dans les bras du châssis H, et quand le rocher 9 fonctionne, le pignon-lanterne O commandant la

---

(1) Les parties non taraudées, dites tiges de ces vis, tournent libres dans les montants du chariot CCC (voy. fig. 2). Ces tiges ont chacune une portée recevant deux rondelles : l'une, placée contre cette portée devant le montant, et l'autre derrière, de façon que ledit montant se trouve entre ces rondelles, maintenues par un écrou.

(2) La tige de cette vis traverse le bâti BB, et sur le bout de cette tige (fig. 1) est montée la manivelle G.

roue 8 glisse sur l'arbre de ce rocher en suivant la roue 8 à mesure qu'elle se déplace (1).

Art. 8. Ce châssis H, porteur du rocher 9, contient de plus trois cliquets V, visibles planche 4 (il n'y en avait qu'un dans la grande scierie) : les longueurs de ces cliquets diffèrent entre elles, chacune d'un tiers de la distance de la pointe d'une dent à l'autre de ce rocher 9 ; et ces longueurs de cliquet correspondent aux longueurs des poussoirs U du châssis R, qui sont aussi trois et agissent de même chacun à leur tour, puis deux ensemble, puis trois : cela à mesure que la pièce à débiter diminue de grosseur.

Au bas du grand levier Q, entre ses bras, est monté un petit rouleau mobile : ce rouleau supporte le châssis RR. En haut de ce levier Q est un galet n (voy. pl. 4). Ce galet, en suivant les courbes de l'excentrique M, fait produire à la partie du bas de ce levier Q, un mouvement de va-et-vient qui, au moyen du petit rouleau mobile, pousse en avant le châssis R ; et ce châssis, en avançant, fait tourner par ses poussoirs U le rocher 9.

Pour régler l'action de ces poussoirs, un triangle T (2) se trouve tenu et conduit horizontalement par un des montants du chariot CCC, de façon que ce triangle présente progressivement sa partie la moins large devant le butoir de ce châssis R, et que ledit châssis en reculant offre à ses poussoirs U plus de prise sur les dents du rocher 9 ; de sorte que ces poussoirs font tourner ce rocher insensiblement plus vite et à mesure que la pièce à débiter diminue de diamètre.

Le châssis RR, après avoir été poussé en avant, se trouve ramené contre le triangle T par le petit ressort z; ce châssis étant dans la position indiquée, on voit, planche 4, en risaon

---

(1) Le déplacement de cette roue a lieu selon le sens et le mouvement du chariot CCC.

(2) Vu isolément, planche 4.

des ouvertures *s* faites en long dans les bras dudit châssis, que le petit rouleau mobile du levier Q, peut continuer librement son mouvement en arrière, et qu'à son retour il doit de nouveau pousser ce châssis en avant, et agir de même à chaque tour de volant.

Des explications qui précèdent, et par les dessins, on a pu se rendre compte comment, la pièce à débiter est mise en mouvement, et comment au moyen des vis portant les roues DEF, cette pièce se trouve rapprochée de la scie, à mesure qu'elle diminue de grosseur; on a dû aussi remarquer que, quand ladite pièce en tournant commence par présenter un millième de bois à débiter pour un coup de scie, elle continue régulièrement jusqu'à la fin à offrir la même quantité de travail.

Lorsque cette pièce est débitée, pour en replacer une autre, on dégage la roue 8 du pignon-lanterne O, en tournant de droite à gauche le petit excentrique *y* (1), ensuite on fait reculer le chariot CCC au moyen de la manivelle G.

L'arbre M, portant la pièce à débiter, se termine par un trou conique, dans lequel entre et le maintient le bout de la vis K (fig. 3); pour pouvoir enlever cet arbre, il suffit de faire remonter cette vis, en la faisant tourner.

Les épaisseurs du placage se déterminent par le nombre des dents des roues 6 et 7.

Les mouvements de la scie sont produits par les moyens ordinaires ; cette scie est montée et tendue sur un châssis glissant dans des coulisses; puis elle est soutenue par un couteau en fonte dure, comme le sont toutes celles des scieries à placage.

L'idée de faire cette scierie m'est venue en 1832; son exécution a duré plusieurs années et, après bien des changements, elle a débité des billes de bois de 40 centimètres de diamètre, sur 75 de hauteur; j'en ai obtenu des feuilles

(1) Cet excentrique est au bas de l'un des montants du bâti BB (fig. 2).

de placage larges de 10 mètres et plus. Mais le moyen que j'employais pour faire présenter à la scie son travail était infidèle ; ce n'est que très longtemps après avoir fait le sacrifice de cette grande machine(1), que les perfectionnements appliqués à ce petit modèle me sont venus à l'esprit (voir article 8 et au dernier (2), et pour en faire l'expérience j'ai attendu le temps où j'ai pu lui donner tous mes soins ; aussi je l'ai beaucoup fait fonctionner. Il a débité des pièces de 30 millimètres de diamètre sur 45 de hauteur, produisant des feuilles de placage, larges de 1^m,40.

Par ce procédé, on obtient des bois creux ou petits de diamètre, de larges feuilles de placage, et on profite plus heureusement de ceux dont les beautés sont logées vers la superficie, tels que les bois ondés, mouchetés, etc.

Les dessins représentant ce modèle sont exacts à sa grandeur (3).

(1) Dix-huit fois plus grand que ce modèle.

(2) Manquant de connaissance, de pratique, en faisant cette grande scierie, il en est résulté que j'avais monté verticalement dedans, l'arbre portant la bille à débiter, tandis qu'il aurait dû s'y trouver incliné et en rapport à l'action de la scie, de façon que parfois cette scie pénétrait trop en haut dans la bille, et pas assez en bas, et que, en raison de cela, les feuilles de placage étaient souvent d'inégale épaisseur.

J'étais jeune en 1833 quand j'ai entrepris de faire cette scierie, aussi elle a été un des grands accidents de ma vie.

(3) Les mécaniciens qui l'ont examiné m'ont dit le considérer comme étant une très belle machine et un chef-d'œuvre d'exécution.

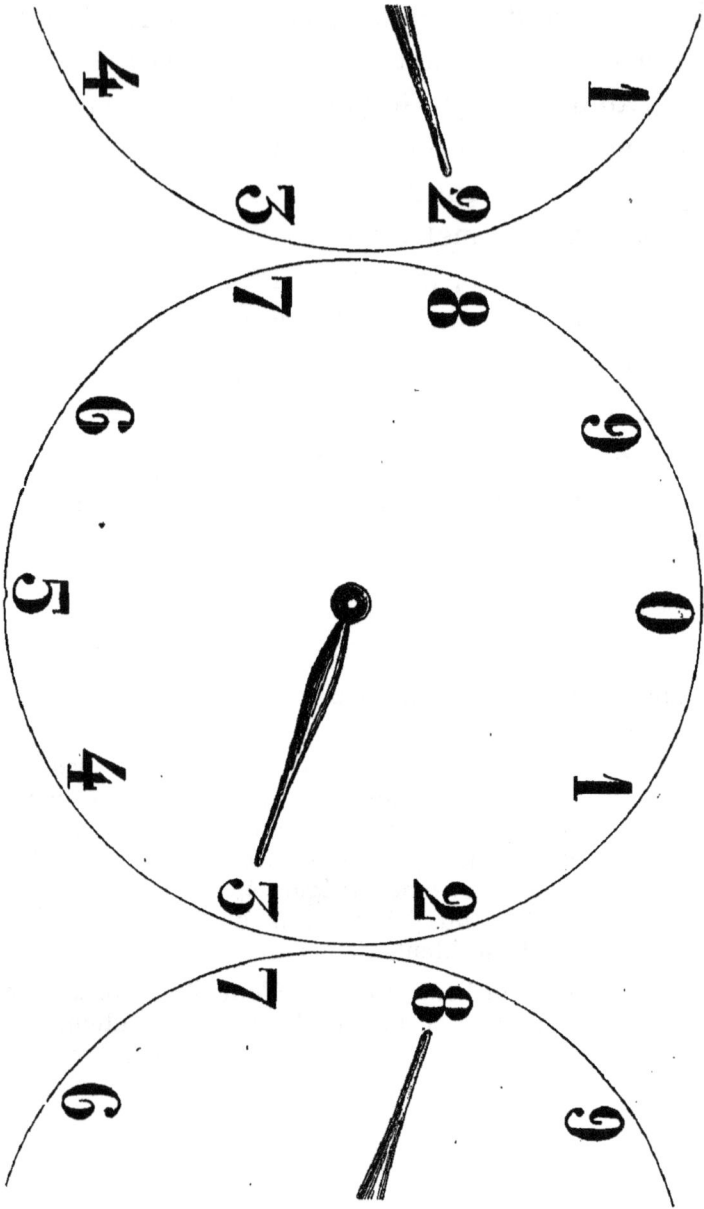

PLANCHE 2.

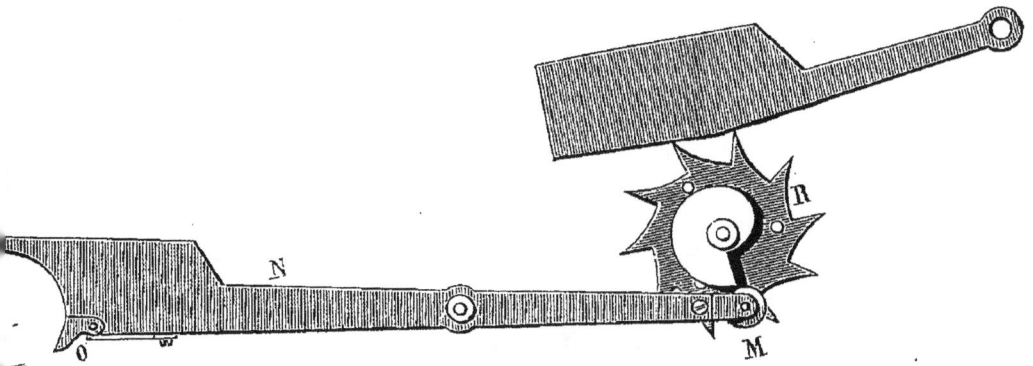

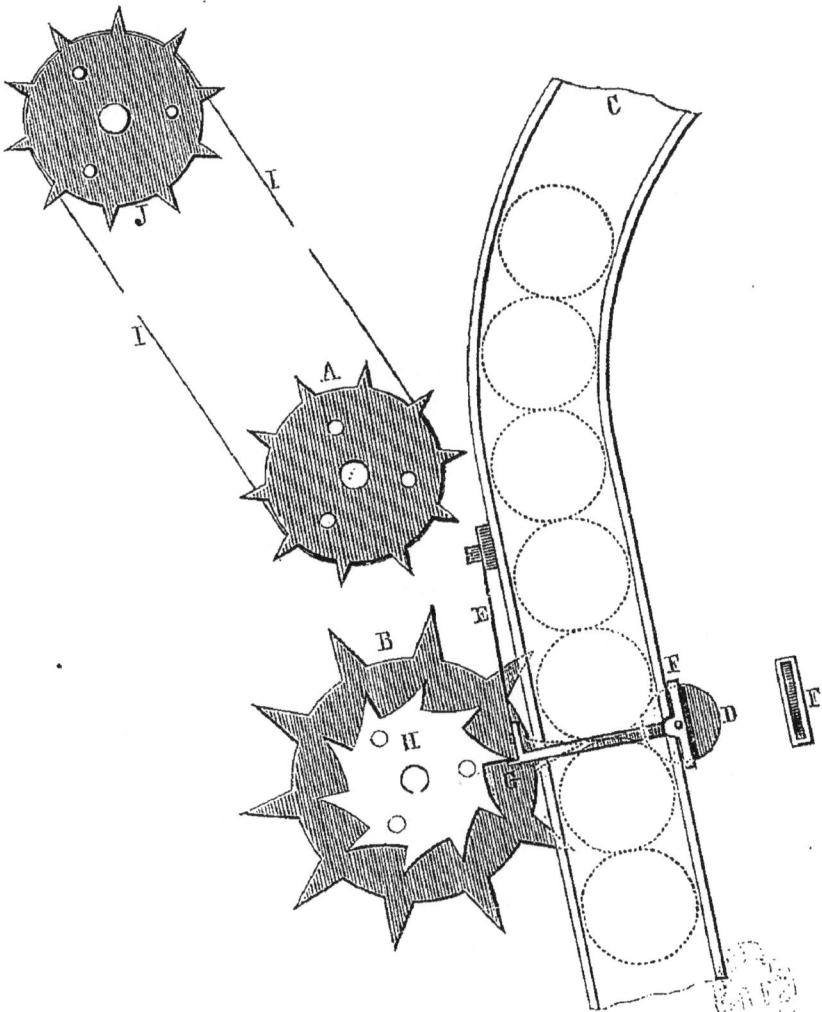

PLANCHE 5. — Machine à voter.

En 1848, un avis publié dans les journaux demandait pour MM. les représentants du peuple un mode de votation mécanique, faisant connaître instantanément les résultats de leurs délibérations.

Aussitôt que j'eus connaissance de cet article, je me mis à l'œuvre, et, après vingt jours de travail, j'ai pu remettre entre les mains de MM. les questeurs de l'Assemblée nationale une machine pouvant remplir cette condition.

J'expliquai qu'il en fallait deux, l'une indiquant les votes *pour*, et l'autre les votes *contre*, et qu'à cet effet, il serait remis à chaque représentant un certain nombre de boules (1) sur lesquelles serait gravé son nom ; que, pour voter, il n'aurait qu'à introduire une de ses boules dans l'orifice d'un des deux tubes placés près de son bureau (2) ; que ces tubes, en passant sous le parquet, iraient se joindre à de grosses artères correspondant à ces machines; puis que ces boules, après avoir fait leur service, se retrouveraient dans un compartiment spécial.

De même j'ai fait connaître que, pour les votes secrets, lesdites boules alors se rendraient toutes dans une seule capacité en s'y mêlant.

Après avoir examiné et fait fonctionner cette machine, MM. les questeurs m'ont engagé à prendre les mesures nécessaires à son installation, ce que je fis ; mais, quelques jours plus tard, d'autres représentants vinrent faire opposition à ce projet, donnant pour raison que la salle construite pour leurs séances n'était que provisoire.

(1) Grosses de 12 millièmes environ.
(2) Ou dans tout autre endroit.

L'ensemble de cette machine se compose : 1° d'un tube C, du ressort E, ayant une pointe G, se contournant ensuite contre ce tube C, et finissant par le châssis F, dans lequel est un galet D ; 2° d'une roue B, dont l'arbre porte le rocher H et la roue A (1).

Cette roue A est en ivoire, et le ruban I qui l'entoure a des trous correspondant aux dents de cette roue, de manière que ce ruban remplit les fonctions d'une chaîne Gall, pour conduire la roue J.

Les boules, en passant dans le tube C, repoussent le galet D, de façon à lui faire dégager de la pointe G du ressort E les dents du rocher H, qui, en tournant, s'y arrêtent chacune à leur tour.

En même temps ces boules s'engagent entre les rayons ou dents de la roue B ; puis elles la commandent comme le ferait une roue dentée : et la roue A, suivant ce mouvement, entraîne le ruban I, qui alors fait tourner la roue J (2).

Contre le rocher R est fixé un excentrique : un galet M en suit les courbes, et, par l'effet de la bascule N et de son pied-de-biche O, cet excentrique, à chaque tour du rocher R, fait avancer d'un dixième le rocher P.

A ce rocher P est également fixé un excentrique S, le galet Q en suit les courbes, de sorte que la bascule dont on ne voit qu'une partie, agit et fait tourner un rocher (3) conduisant l'aiguille des centaines.

Cet indicateur peut être placé près de la présidence, à l'endroit le plus en vue.

La planche 2 fait voir le cadran des dizaines et une partie des deux autres.

(1) Représentée au-dessus.
(2) Cette roue J, étant en place, se trouve montée sur l'arbre portant le rocher R et l'aiguille des unités.
(3) Non visible.

FIG. 1.

FIG. 2.   FIG. 3.

Moteur électro-magnétique.

Ce moteur est composé de quatre agents mécaniques pouvant fonctionner ensemble, ou séparément.

Les conditions et les dispositions de ces agents étant les mêmes, je ne parlerai que de la figure 1.

Sur le bout de l'arbre de couche est montée une cage faite de deux plaques triangulaires B, maintenue par trois piliers et des écrous.

Dans cette cage, sont ajustés libres trois rouleaux indiqués par 1, 2, 3 ; un est représenté figure 2.

Pour mettre en marche ce moteur, le faire fonctionner, les fourchettes C, D, E, F, viennent alternativement prendre aux collets ces rouleaux et les conduire, de façon qu'ils font tourner l'arbre de couche (1), lui communiquant la force que leur donnent les fourchettes, et qu'elles-mêmes reçoivent des électros.

Le courant électrique chargé d'animer ces électros est réglé par la petite levée x, fixée au bras de la fourchette F. Cette levée x, suivant le va-et-vient de cette fourchette, passe entre les pitons oo, sans les toucher (voyez fig. 3). Ces pitons sont rivés aux bouts des lames PP ; entre eux, se voit la tête V d'un ressort placé en biais, de manière à ne point faire obstacle à ladite levée x, quand elle va pour passer, et en passant faire soulever par ce ressort un des pitons oo ; c'est ainsi que les lames PP se touchent et rétablissent le courant, au moment où les armatures se trouvent à 6 millièmes au-dessus des électros : ce cou-

---

(1) Sur lequel est le volant. Ce volant est fait de trois tringles, ayant chacune une lentille, pouvant être rapprochées ou éloignées de son centre.

rant est ensuite rompu lorsque les armatures arrivent contre les électros (sans les toucher) et afin de parfaire à leur désaimantation, elles sont pour un instant abandonnées par les fourchettes (voy. F).

Ce moteur, commencé en 1863, puis terminé vers la fin de 1878, est représenté au quart.

Dans cet intervalle de temps, il a subi divers changements, desquels je n'ai pas obtenu tout ce que j'espérais.

On peut le voir au Conservatoire national des Arts et Métiers, section de physique.

Fig. 1

Fig. 2

Fig. 3

Fig. 4

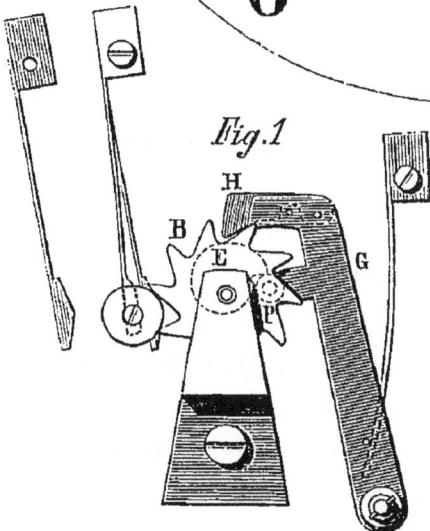

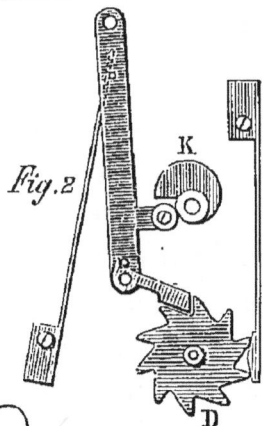

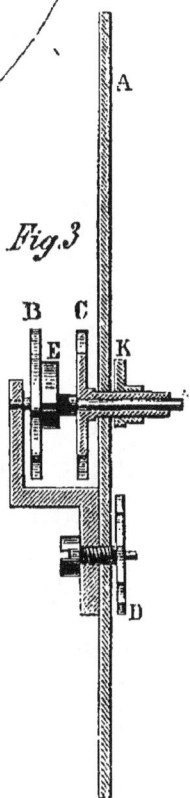

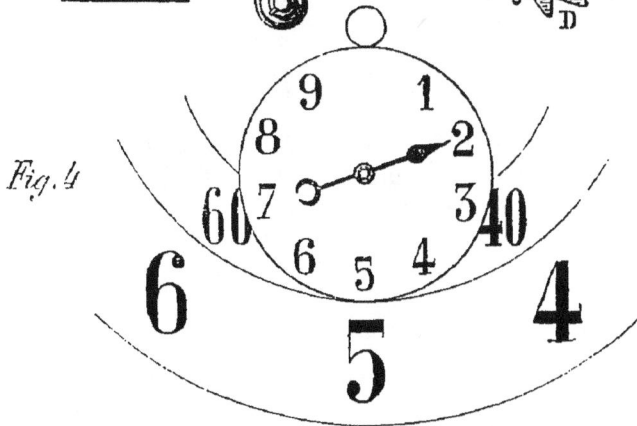

Machine propre à marquer les points au jeu de billard.

Cette machine se compose de deux rochers B, C (voyez fig. 1 et 3), d'une détente G portant un galet mobile P et un cliquet H, puis un excentrique E, fixé au rocher B, dessous, de deux ressorts sautoirs, dont un se termine par un galet; et lorsque l'on fait passer l'aiguille des unités du chiffre 9 à 0, le galet P (1), suivant les courbes de l'excentrique E, tombe avec la détente G, de la partie la plus élevée de cet excentrique, sur sa partie la plus basse; dans ce mouvement, cette détente, au moyen de son cliquet H, fait avancer d'un dixième de tour le rocher C.

Ce rocher fonctionne sur l'arbre du rocher B (voyez fig. 3), et sur le bout de son canon se place l'aiguille des dizaines.

Pour le cas où l'on voudrait que ce marqueur indiquât les milles, il y a sur le canon du rocher C, devant la platine A, un excentrique K; puis plus bas un rocher D, et (fig. 2) une détente agissant envers ce rocher D comme le fait la détente G au sujet du rocher C.

Le cadran devant indiquer les milles ainsi que la place qu'il doit occuper dans le premier sont indiqués par la figure 4.

----

(1) Ce galet P est représenté au pointillé, de même qu'une partie du cliquet H, dont la pointe, en revenant, se soulève, pour retomber et s'engager de nouveau devant une dent du rocher B.

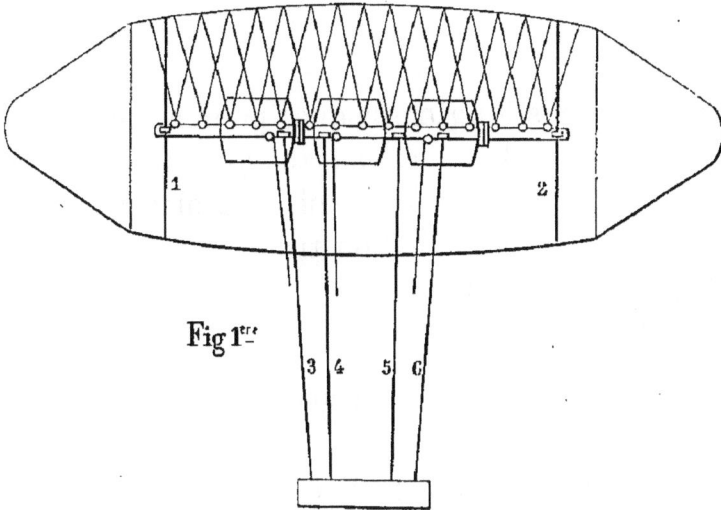

Fig 1ʳᵉ

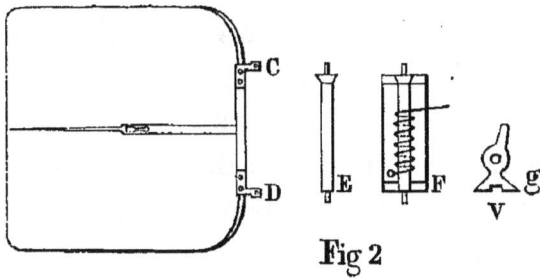

Fig 2

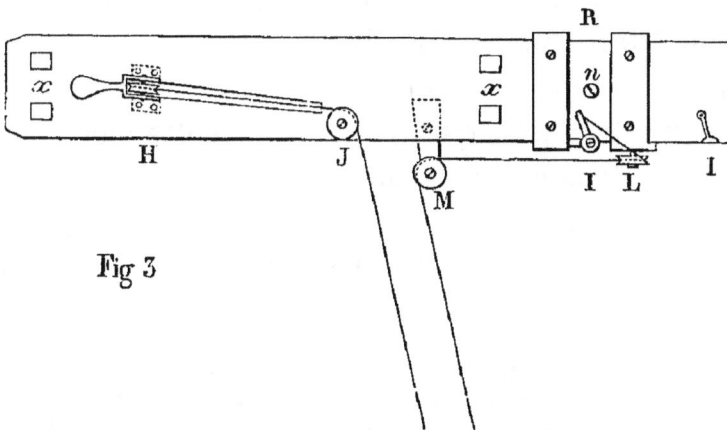

Fig 3

Convaincu depuis longtemps que, pour arriver à pouvoir diriger les ballons, il fallait, autant que possible, imiter, employer les moyens que l'on voit aux oiseaux ; j'ai, à ce sujet, appliqué à un petit ballon trois paires d'ailes, fonctionnant horizontalement.

DESCRIPTION

Ce ballon a sur le dos un filet avec des agrafes, auxquelles sont suspendues deux galeries, une de chaque côté, au milieu (1). Au bas de ces galeries, il y a, de même qu'en haut, des ouvertures ou jours de forme carrée, indiqués par x (fig. 3), dans lesquelles entrent et s'engagent les agraphes des courroies 3, 4, 5, 6, au bout desquelles est la nacelle (2). Deuxièmement, les ailes de ce ballon ont pour articulations chacune deux petits bras, vus C, D (fig. 2), avec un trou à leurs bouts ; ces trous sont ajustés libres sur les pivots des arbres E, un est représenté (fig. 2), puis monté dans une pièce F, et autour duquel se voit un ressort boudin servant à faire ouvrir les ailes : pour cela, ce ressort, en l'armant, s'engage sous un des bras de l'aile, et son autre bout dans un trou pratiqué au corps de cette pièce F, vue également de face en g, et dans sa rainure V est un prisonnier ; et lorsque l'on met cette pièce en place, ce prisonnier l'arrête au point voulu en se buttant contre une

(1) Une partie de ces galeries est représentée figure 3. Ces galeries sont en même temps des supports et la base de ce système ; et, pour qu'elles s'appliquent bien à la structure du ballon, elles ont, dans leur longueur, des charnières ; puis leur stabilité est assurée par les courroies 1 et 2 qui les maintiennent au ballon en le sanglant.

(2) Les dessins ne sont que pour éclairer cette description.

tête de vis *n*, vue au milieu de la coulisse R (fig. 3) ; puis
les parties du haut de ces pièces F limitent l'ouverture des
ailes et leur servent de point d'appui quand elles restent
ouvertes, et, comme lesdites pièces F doivent être placées
et entrent juste dans les coulisses fixées aux galeries, et
qu'elles contiennent les arbres E sur lesquels sont et fonctionnent les ailes ; il suffit alors, pour que tout soit en ordre,
de les y introduire ; puis elles s'y trouvent maintenues,
quoique libres, car, pour les dégager ou les enlever du
ballon, il n'est besoin que de les soulever (1). Troisièmement,
pour faire fermer ces ailes, elles ont chacune dans leurs
traverses du milieu un trou placé un peu en avant du
centre, indiqué figure 2 ; ce trou est conique et forme cu-
vette ; dans ce trou, passe une corde, puis elle y est retenue
par un nœud et une demi-boule percée et creuse dans laquelle se loge ce nœud ; cette corde vient s'enrouler sur la
poulie H et sur la poulie J, vues figure 3, et descend ensuite
dans la nacelle, de manière que, pour faire fermer une
aile, il n'y a qu'à tirer cette corde.

Lorsque je veux faire ouvrir ces ailes sans employer
de ressort, j'ajoute à leurs bras du bas un petit levier,
vu *ii* (fig. 3), ayant un trou à son extrémité, dans lequel
est une fine corde (2) ; cette corde, pour se rendre dans la
nacelle, passe sur la poulie L (3) et sur la poulie M, et, par
ce moyen, quand je fais fermer ces ailes, je n'ai pas à
vaincre la résistance des ressorts (4).

Ces leviers *ii* peuvent également être montés sur les

---

(1) Avant d'enlever du ballon ses ailes, on doit en dégager leurs
cordes, en faisant passer ces cordes avec les demi-boules, par les
ouvertures que l'on voit dans les grandes traverses devant les trous co-
niques.

(2) Retenue comme il est expliqué pour les faire fermer.

(3) Montée horizontalement au bout de l'une des parties de la coulisse R, figure 3.

(4) Mais j'ai un mouvement de plus à faire exécuter ; et, des deux
moyens, quel est le préférable ?

grandes traverses de ces ailes et les poulies placées comme il est dit pour les faire fermer. Ces ailes propulseurs fonctionnent ensemble ou séparément, à volonté ; leurs dimensions ainsi que leur nombre ne sont pas déterminés, c'est avec l'usage par la pratique que cela pourra être fait ; mes prévisions sont que le succès de ce système dépendra de leurs qualités.

Le ballon devra pouvoir enlever de 400 à 500 kilos, et si ses résultats sont satisfaisants, rien n'empêchera d'y ajouter un moteur.

En faisant le petit modèle de ce ballon, j'avais décidé que je l'offrirais à notre gouvernement. Son refus m'a peiné ; mais, malgré cela, je n'en crois pas moins à son mérite et, aujourd'hui, ce qui me contrarie le plus, c'est d'être très âgé ; et qu'en cet état, entreprendre seul de l'établir en grand, c'est me montrer bien téméraire et peut être un peu fou. Cependant, j'y suis décidé et j'ai, pour commencer, fait faire un sommier représentant la neuvième partie de sa circonférence (1), sur laquelle je vais appliquer une aile : ceci afin de pouvoir bien les expérimenter et en apprécier les effets, voir comment et avec quel produit elles devront être faites.

La première que je vais essayer a pour dimension 1^m,25 de longueur et de largeur, et, en raison de mes idées, j'ai besoin et je veux qu'elles soient de façon qu'un homme puisse sans trop de peine en faire fonctionner une paire, et enfin si je meurs avant d'avoir pu le terminer, j'espère qu'avec les renseignements que je donne, un autre voudra le continuer.

_____

(1) Son diamètre sera de 6 mètres sur 20 de longueur, sans les parties qui forment les bouts.

TABLE DES MATIÈRES

ARTICLES CONTENUS DANS CE MÉMOIRE

FIN DE LA TABLE DES MATIÈRES

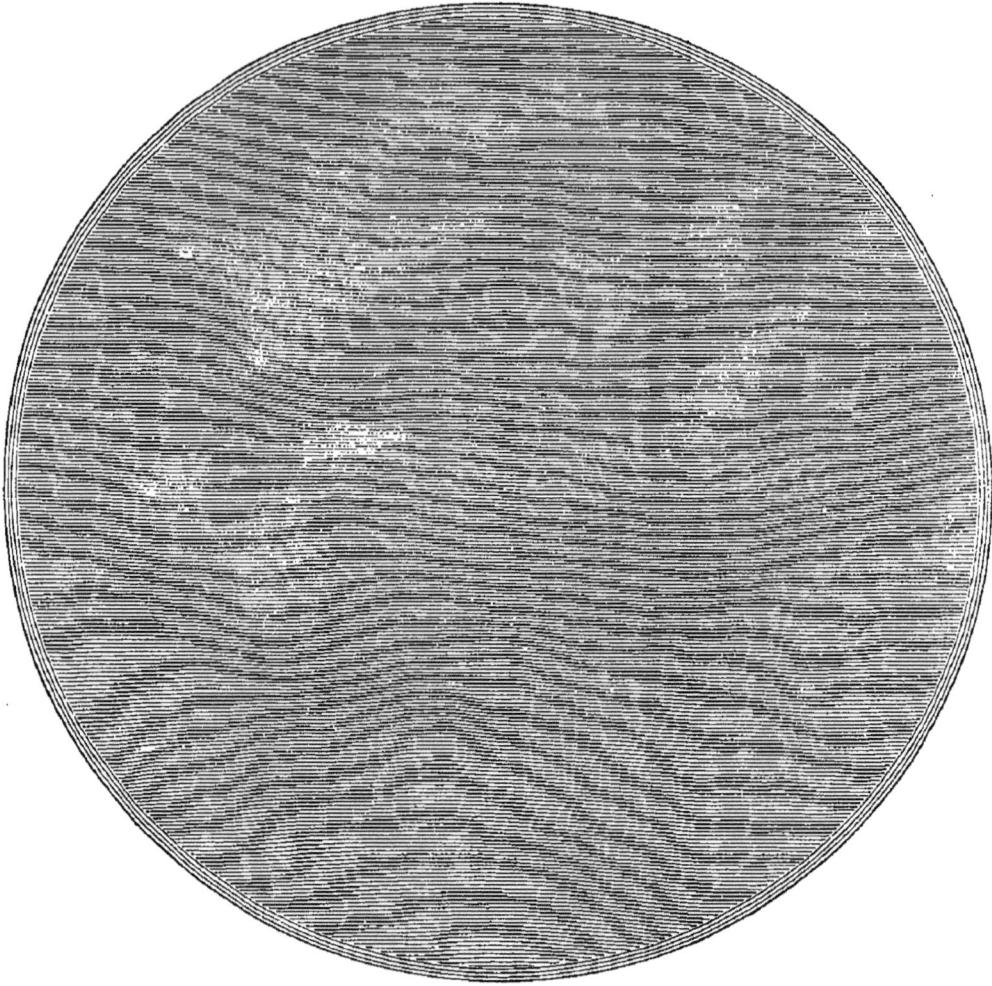

o

FIGURES

Représentant, au millième, le diamètre exact du soleil et de la terre.

Le volume du soleil est d'un million trois cent trente et un mille fois plus
considérable que celui de la terre.

Sa distance moyenne est pour nous de 34,505,422 lieues. Comme la terre,
il tourne sur son axe et met environ vingt-cinq jours et demi à cette
rotation.

*Heureux qui peut espérer vivre un jour près de la puissance qui créa
ces choses.*

V.-A. P.

AMIS ET CHERS CONFRÈRES,

Je vous préviens et je confesse que cette page 85 ajoutée à ce mémoire n'est que pour le plaisir de vous faire savoir qu'en disparaissant de ce monde, je laisserai à la Ville de Paris une rente annuelle et perpétuelle de six cents francs, destinée à un prix en faveur des horlogers *français*, et que je me sens heureux de pouvoir témoigner ainsi de mon dévouement à l'horlogerie. Cela sans doute n'a rien de bien particulier et offre peu d'intérêt ; mais, dans cette page, pour ma satisfaction, j'ai de plus à vous dire que, depuis 1879, j'ai, tous les ans, remis à la ville de Neuilly-*sur-Seine*, où je demeure, une somme de mille cinq cents francs pour être employée par les autorités au moment de la fête patronale, et que, sur cette somme, douze cents francs ont été chaque année offerts à la demoiselle reconnue la plus méritante de cette commune, choisie et distinguée par le conseil municipal ; puis cent francs pour un banquet donné aux vingt pauvres les plus âgés, sans distinction de sexe, également de cette commune, qui, de plus, reçoivent au dessert ou en prenant leur café, chacun cinq francs. Et les cent francs restant de cette somme sont pour les écoles (1).

Très satisfait des résultats qu'a produits cet acte, j'ai, dans le même esprit, donné, en 1880, à la commune de Bucy-les-Pierre-Pont (*Aisne*) où je suis né, les immeubles

(1) Mes affaires sont arrangées pour qu'à ma mort rien ne soit changé à cette fondation.

que j'y possédais et des valeurs rapportant annuellement sept cent cinquante francs environ, dont cinq cents francs sont tous les ans offerts à la demoiselle la plus méritante de cette commune, et aussi choisie par le conseil municipal, puis deux cents francs pour une crèche, trente francs aux écoles et vingt francs aux pauvres.

Ensuite, par mon testament, je laisserai à la ville de Vailly (Aisne), où je dois reposer, une rente annuelle et perpétuelle de mille cinq cents francs, qui devra être également employée ; mille deux cents francs à un prix de mérite ; deux cents francs pour une crèche ; cinquante francs aux écoles et cinquante francs aux pauvres, et, pour le cas où celles ou ceux qui profiteront de ces dons seraient curieux de savoir ou de voir quelle figure j'avais (1), ils n'auront qu'à tourner le feuillet suivant, et ils me verront tel que j'étais à l'âge de quatre-vingt-cinq ans, cherchant encore le moyen de vivre tranquille ; puis, si quelqu'un trouvait que j'aurais dû laisser à d'autres le soin de faire connaître ce que je viens de dire, j'ai à répondre que je n'ai pas vu qui aurait voulu s'en charger.

(1) Ce qui me paraît à peu près certain, car tous ou presque tous, à ce jour, m'ont demandé ma photographie ; en raison de cela, je laisserai aux maires des communes désignées ci-dessus un certain nombre d'exemplaires de ce mémoire.

Paris. — Imprimerie Nouvelle (association ouvrière), 11, rue Cadet. — R. Barré, dir. — 2152 91

(2) Mes observations physiques me portent à croire que notre corps n'est qu'une pile électrique articulée et nerveuse qui souvent nous fait penser et agir en raison de ce que a contenu ou contient notre estomac

FIN

www.ingramcontent.com/pod-product-compliance
Lightning Source LLC
Chambersburg PA
CBHW070132100426
42744CB00009B/1802